"十四五"职业教育国家规划教材

反应器操作与控制

第二版

左 丹 主编 何秀娟 副主编

U0331468

化学工业出版社

·北京·

内容简介

本教材以统筹发展和安全、推进高质量发展为指引，以反应器操作与控制为项目，从认识反应器到仿真操作，利用反应装置的操作和反应器的控制来组织教学单元。全书包括认识反应过程与反应器、釜式反应器操作与控制、固定床反应器操作与控制、流化床反应器操作与控制、塔式反应器操作与控制、管式反应器操作与控制六个教学项目。教材编写体现项目驱动、任务引领，考虑工学结合的教学实施，突出反应器和反应装置的操作与控制、故障处理和维护，做到理论知识和实践技能结合，培养学生操作和控制反应器的能力。教材通过二维码的形式配套了80个视频、动画资源，方便学生自学。

本书可作为高等职业院校化工类专业教材，也可供从事化工生产的一线技术人员和工人参考。

图书在版编目（CIP）数据

反应器操作与控制/左丹主编；何秀娟副主编. —

2 版. —北京：化学工业出版社，2023.3 （2024.7重印）

"十三五"职业教育国家规划教材

ISBN 978-7-122-42737-3

Ⅰ.①反… Ⅱ.①左…②何… Ⅲ.①石油化工设备

-反应器-高等职业教育-教材 Ⅳ.①TE65

中国国家版本馆 CIP 数据核字（2023）第 008244 号

责任编辑：王海燕 满悦芝　　　　　　　　　装帧设计：张　辉
责任校对：刘曦阳

出版发行：化学工业出版社（北京市东城区青年湖南街 13 号　邮政编码 100011）
印　　装：河北延风印务有限公司
787mm×1092mm　1/16　印张 13¼　字数 300 千字　2024 年 7 月北京第 2 版第 5 次印刷

购书咨询：010-64518888　　　　　　　　　售后服务：010-64518899
网　　址：http://www.cip.com.cn
凡购买本书，如有缺损质量问题，本社销售中心负责调换。

定　　价：39.80 元　　　　　　　　　　　　　　版权所有　违者必究

前　言

　　本教材根据职业教育的发展和教学改革的要求，考虑教学的针对性、实用性和先进性，以培养学生的职业能力为目的进行内容设置，采用项目-任务的编排形式，旨在培养生产一线技术应用型人才。本教材第一版于 2019 年正式问世，面向高等职业院校化工类专业学生，出版后深受院校师生的认可，被评为"十三五"职业教育国家规划教材。为了响应教育部关于职业教育教材"三年一修订"的要求，及时将学科发展的新工艺、新技术融入教材，特出版本教材第二版。

　　教材第二版主要内容包括认识反应过程与反应器、釜式反应器操作与控制、固定床反应器操作与控制、流化床反应器操作与控制、塔式反应器操作与控制、管式反应器操作与控制六个教学项目。教材编写方式延续了第一版的风格，重在体现项目驱动、任务引领，考虑工学结合的教学实施；突出反应器基本结构、化学反应动力学、反应装置在不同工况的操作、装置运行中的故障处理、反应器设备的日常维护，做到理论知识和实践技能结合，培养学习者操作和控制反应器的能力，同时加强对学习者分析问题、解决问题的能力训练。

　　此外，在第一版的基础上，教材第二版配套了 80 个动画、微课等数字资源，打造新形态"立体化"教材，数字化资源载体使得教材内容得以跨媒介拓展延伸，方便学习者自学。同时，增加了阅读材料等思政内容，让学生了解化学反应器发展的前沿，激发学生自信自强、守正创新的发展意识。落实了党的二十大报告中提到的"贯彻新发展理念，着力推进高质量发展"的要求。

　　本教材由盘锦职业技术学院左丹主编并统稿，由盘锦职业技术学院王新教授主审。具体编写分工如下：项目一至项目三由左丹编写，项目四由盘锦职业技术学院刘洪宇编写，项目五由天津渤海职业技术学院桑红源编写，项目六由盘锦职业技术学院何秀娟编写。盘锦职业技术学院陈晓丹、崔帅、张玉、孙圣峰参与本教材数字化资源的建设。

　　本教材编写过程中得到北方沥青燃料有限公司、盘锦浩业化工有限公司的大力支持，在此深表谢意。

　　由于编者水平有限，书中难免存在疏漏和不足，敬请读者批评指正。

编者

第一版前言

本教材考虑专业教学的针对性、实用性和先进性，围绕化工专业人员所需职业能力，以培养生产一线技术应用型人才为目标，构建教学内容。全书包括认识反应过程与反应器、釜式反应器操作与控制、固定床反应器操作与控制、流化床反应器操作与控制、塔式反应器操作与控制、管式反应器操作与控制六个教学项目。

在高等职业教育中的应用化工技术、石油化工技术、精细化工技术等专业都开设有相关课程。本书可作为高等职业院校化工类专业教材，也可为从事化工生产的一线技术人员和工人培训参考。

教材编写体现项目驱动、任务引领，考虑工学结合的教学实施，突出反应器基本结构、化学反应动力学、反应装置在不同工况的操作、装置运行中的故障处理、反应器设备的日常维护，做到理论知识和实践技能结合，培养学习者操作和控制反应器的能力。同时加强对学习者分析问题、解决问题的能力训练，每一任务后均配有学习检测题，供学习者自我检测。

本教材教学过程中可以灵活安排不同任务的顺序及场所，例如，项目一中的一些理论知识可以穿插在其他项目中进行，如反应动力学、转化率可以放在项目二中的任务三中进行，认识反应器的教学内容可以放在反应器操作前进行现场教学。适用于"做中学"的教学理念。

本书由盘锦职业技术学院左丹主编并统稿。其中，项目一至项目三由盘锦职业技术学院左丹编写，项目四由盘锦职业技术学院王新、刘婷婷编写，项目五由盘锦职业技术学院崔帅、冯凌编写，项目六由盘锦职业技术学院何秀娟编写。

本教材编写过程中得到北方沥青燃料有限公司、北京东方仿真控制技术有限公司的大力支持，在此深表谢意。

由于编者水平有限，书中难免存在疏漏和不足之处，敬请读者和同行批评指正，以便修订。

编者

目　录

二维码数字资源一览表

序号	资料类型	数字资源名称	页码
1	微课	化学反应的分类	2
2	微课	转化率、选择性及收率	5
3	微课	化学平衡	8
4	微课	化学反应速率及其影响因素	13
5	微课	均相反应动力学	14
6	微课	化学反应器的分类与应用	17
7	动画	理想置换流动模型	20
8	动画	理想混合流动模型	20
9	微课	流动模型及返混	21
10	动画	沟流及短路	22
11	动画	滞留区	22
12	动画	反应器的间歇操作	23
13	动画	反应器的连续操作	23
14	动画	串联釜式反应器	24
15	微课	反应器操作方式	25
16	动画	连续操作管式反应器	26
17	微课	搅拌设备内液体流动特性及搅拌附件	33
18	动画	搅拌液体的流型	34
19	微课	搅拌装置的结构特点及搅拌器的选型	35
20	动画	桨式搅拌器	35
21	动画	涡轮式搅拌器	36
22	动画	推进式搅拌器	36
23	动画	框式搅拌器	36
24	动画	螺带式搅拌器	36
25	微课	釜式反应器的传动与密封	39
26	动画	填料密封工作原理	40
27	动画	机械密封	41
28	微课	釜式反应器换热装置	42
29	动画	换热装置：蛇管式	43
30	微课	釜式反应器的换热介质	45
31	微课	间歇反应釜工艺技术分析	60
32	微课	间歇反应釜冷态开车	61
33	微课	间歇反应釜超温事故	64

序号	资料类型	数字资源名称	页码
34	微课	间歇反应釜搅拌器 M1 停转	64
35	微课	间歇反应釜冷却水阀 V22、V23 卡住	64
36	微课	间歇反应釜出料管堵塞	65
37	微课	间歇反应釜测温电阻连线故障	65
38	动画	生产事故案例	79
39	动画	EO 反应器飞温事故预案	79
40	微课	固定床反应器	83
41	微课	绝热式固定床反应器	83
42	动画	甲醇氧化的薄层反应器	84
43	微课	对外换热式固定床反应器	85
44	动画	以加压热水作载热体的固定床反应器	86
45	动画	以导热油作载热体的固定床反应装置	86
46	动画	以熔盐作载热体的固定床反应器	87
47	微课	自热式固定床反应器	88
48	微课	固体催化剂	93
49	微课	催化剂的组成及功能	94
50	微课	催化剂的性能与标志	96
51	微课	固体催化剂的特征参数	98
52	微课	催化剂的失活	99
53	动画	中毒引起的失活	99
54	动画	结焦和堵塞引起的失活	99
55	微课	催化剂的再生	100
56	动画	空气处理再生催化剂	101
57	动画	催化剂的运输、储藏、装填	101
58	微课	固定床反应器工艺技术分析	110
59	微课	固定床反应器冷态开车	112
60	微课	氢气进料阀卡住	116
61	微课	预热器 EH424 阀卡住	116
62	微课	闪蒸罐压力调节阀卡住	116
63	微课	固定床反应器漏气	116
64	微课	EH429 冷却水停	116
65	微课	固定床反应器超温	117
66	微课	认识流化床反应器	122
67	动画	流化床反应器	124
68	微课	流化床反应器异常现象及处理	130
69	动画	沟流现象	130
70	动画	大气泡现象	130

序号	资料类型	数字资源名称	页码
71	动画	腾涌现象	130
72	微课	流化床工艺技术分析	134
73	微课	流化床冷态开车	137
74	微课	泵 P401 停	142
75	微课	压缩机 C401 停	142
76	微课	丙烯进料停	142
77	微课	乙烯进料停	142
78	微课	D301 供料停	143
79	微课	认识鼓泡塔反应器	153
80	动画	鼓泡塔反应器的结构	155

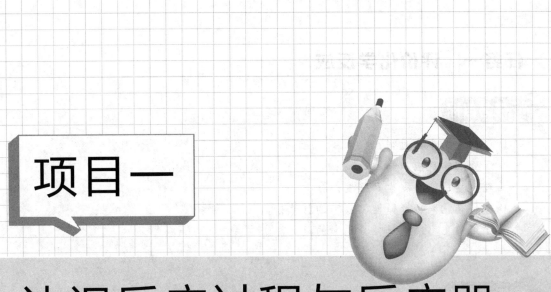

项目一

认识反应过程与反应器

化工产品种类名目繁多，性质各异。不同的产品，其生产过程差异比较大。即使同一产品，原料路线的选择和加工方法不同，其生产过程也不尽相同。但无论产品和生产方法如何变化，化工生产过程一般都包括三个组成部分：①原料预处理，即按化学反应的要求将原料进行净化等操作，使其符合化学反应器进料要求；②化学反应，即将一种或几种反应原料转化为所需的产物；③产物分离与精制，以获得符合规格要求的化工产品。化工生产过程如图 1-1 所示。

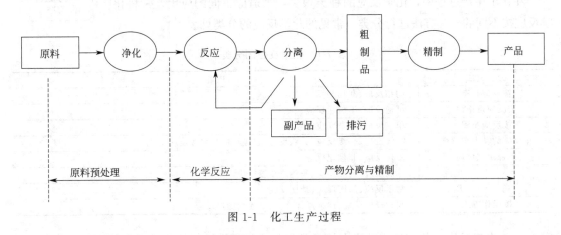

图 1-1　化工生产过程

其中，原料预处理和产物分离与精制两部分一般是物理过程，属于化工单元操作的研究范围；而化学反应是生产过程的核心。用来进行化学反应的设备称为化学反应器，化学反应器是化工生产装置中的关键设备。

化学反应过程是化工生产过程的核心过程，反应过程直接影响到产品的产量、收率等指标，进而影响到生产的经济效益，而如何有效地控制化学反应过程是反应器操作的必备知识。

任务一　评价化学反应

任务目标

① 了解化工生产过程；
② 了解化学反应的分类；
③ 理解生产能力和生产强度；
④ 掌握转化率、选择性、收率的计算；
⑤ 了解转化率、选择性、收率的意义。

任务指导

在化工生产过程中，要想获得好的生产效果，就必须达到高效、优质、低耗，由于每个产品的质量指标不同，其保证措施也不相同。对于一般化工生产过程来说，总是希望消耗较少的原料而生产比较多的优质产品。因此，如何采取措施降低消耗，综合利用能量，是评价化工生产效果的重要方面之一。

知识链接

微课扫一扫

化学反应
的分类

知识点一　化学反应的分类

在化工生产过程中，化学反应的种类很多，为适应不同的应用，常将化学反应按不同的分类方法进行分类。常见的化学反应的分类见表 1-1。

表 1-1　化学反应的分类

分类方法		内容
按反应相态		均相反应、非均相反应
按反应可逆性		可逆反应、不可逆反应
按反应步骤		单一反应、复杂反应
按反应的动力学特性		零级反应、一级反应、二级反应、三级反应和多级反应
是否用催化剂		催化反应、非催化反应
按操作条件	温度	等温反应、绝热反应、非绝热变温反应
	压力	常压反应、加压反应、减压反应
按操作方式		间歇操作反应、连续操作反应、半连续操作反应

（1）均相反应　均相反应是指在均一的液相或气相中进行的化学反应。均相反应有很广泛的应用范围，如烃类的热裂解为典型的气相均相反应，而酸碱中和、酯化、皂化等则为典型的液相均相反应。

均相反应应满足两个必要条件：反应系统可以成为均相；预混合速率 > 反应速率。

预混合：物料在反应前能否达到分子尺度的均匀混合。

实现装置：机械搅拌和高速流体造成的射流混合。

均相反应的特点：反应过程不存在相界面，过程总速率由化学反应本身决定。

（2）非均相反应 在反应发生时至少涉及两相，反应一般在两相的界面上进行。按相界面的不同可分为以下几种。

① 气-固相反应 如工业上煤炭的燃烧以及气-固相催化反应等。

② 液-固相反应 如用水和碳化钙制取乙炔。

③ 气-液相反应 如用水吸收氯化氢气体制取盐酸。

④ 液-液相反应 如用硫酸处理石油产品。

⑤ 固-固相反应 如陶瓷的烧结。

（3）单一反应 指只用一个化学反应式和一个动力学方程式便能代表的反应。

（4）复杂反应 有几个反应同时进行，要用几个动力学方程式才能加以描述。常见的复杂反应有平行反应、连串反应、可逆反应等。

① 平行反应 反应通式可表示如下：$A \longrightarrow B$，$A \longrightarrow C$。由相同反应物进行两个或两个以上的不同反应，得到不同的产物。其中反应较快或产物在混合物中所占比例较高的称为主反应，其余的称为副反应。如苯酚和硝酸反应，反应过程中可同时得到邻位、对位、间位三种硝基苯酚。

② 连串反应 反应通式可表示如下：$A \longrightarrow B \longrightarrow C$。其主要特征是随着反应的进行，中间产物同时可以进一步反应而生成其他产物，且中间产物浓度逐渐增大，达到极大值后又逐渐减少。连串反应是化学反应中最基本的复杂反应之一，如苯氯化生成氯苯，氯苯还会进一步反应生成二氯苯等产物；甲醇在银催化剂的存在下制备甲醛，甲醛会进一步反应生成甲酸等。

③ 可逆反应 在反应物发生化学反应生成产物的同时，产物之间也在发生化学反应恢复成原料。如：

$$A+B \longrightarrow R+S$$
$$R+S \longrightarrow A+B$$

（5）绝热反应 反应体系与环境没有热交换。反应过程温度会发生变化：如反应为放热反应，反应过程中温度会上升；如反应为吸热反应，反应过程中温度会下降。等温反应是指反应体系与环境有热交换，且反应过程温度维持不变。

（6）间歇操作反应 原料按一定配比一次投入反应器，待反应达到一定要求后，一次卸出物料。

（7）连续操作反应 原料连续加入反应器，发生反应的同时连续排出反应物料。当操作达到稳定态时，反应器内任何位置上物料的组成、温度等状态参数不随时间而变化。

（8）半连续操作反应 也称为半间歇操作反应，通常是将一种反应物一次加入，然后连续加入另一种反应物，或者反应过程中某种反应产物连续采出。反应达到一定要求后，停止操作并卸出物料。

知识点二 化工生产过程

1. 生产工序

化工生产过程是将多个化学反应单元和化工单元操作，按照一定的规律组成的生产系统，其中包括化学、物理的加工工序。

（1）化学工序 以化学反应的方式改变物料化学性质的过程，称为单元反应过程。一般单元反应根据其反应规律和特点可分为磷化、硝化、卤化、酯化、烷基化、氧化、还原、缩合、聚合、水解等。

（2）物理工序 只改变物料的物理性质而不改变其化学性质的生产操作过程，称为化工单元操作过程。一般化工单元操作过程根据其操作过程的特点和规律可分为流体输送、传热、蒸馏、蒸发、干燥、结晶、萃取、吸收、吸附、过滤、破碎等。

2. 化学反应过程的工艺指标

（1）反应时间 反应时间是指反应物的停留时间或接触时间，一般用空间速率和接触时间两项指标表示。

（2）操作周期 操作周期是指在化工生产中，某一产品从原料准备、投料升温、各步单元反应到出料的所有操作时间之和，也称为生产周期。

（3）生产能力 生产能力是指在一定的工艺组织管理及技术条件下，所能生产规定等级的产品或加工处理一定数量原材料的能力。对于一个设备、一套装置或一个工厂来说，其生产能力是指在单位时间内生产的产品量或在单位时间内处理的原料量。

生产能力一般有两种表示方法：一种是以产品产量来表示，即在单位时间内生产的产品数量，如年产 50 万吨的丙烯装置，表示该装置每年可生产丙烯 50 万吨；另一种是以原料处理量来表示，此种表示方法也称"加工能力"，如一个处理原油规模为每年 300 万吨的炼油厂，表示该炼油厂每年可将 300 万吨原油炼制成各种成品油。

以化学反应为主的过程一般以产品产量表示生产能力，生产能力又可分为设计能力、查定能力和现有能力。这三种能力在生产中的用途各不相同：设计能力和查定能力主要作为企业长远规划编制的依据，而现有能力是编制年度生产计划的重要依据。

（4）生产强度 生产强度是指设备的单位特征几何尺寸的生产能力，例如，单位体积或单位面积的设备在单位时间内生产得到的目的产物数量（或投入的原料量），单位是 $kg/(m^3 \cdot h)$、$t/(m^3 \cdot d)$ 或 $kg/(m^2 \cdot h)$、$t/(m^2 \cdot h)$ 等。

生产强度主要用于比较那些相同反应过程或物理加工过程的设备或装置性能的优劣。某设备内进行的过程速率越快，则生产强度越高，说明该设备的生产效率就越高，提高设备的生产强度，就意味着用同一台设备可以生产出更多目的产物，进而也就提高了设备的生产能力。可以通过改变设备结构、优化工艺条件，对催化反应主要是选用性能优良的催化剂，总之就是通过提高过程进行的速率来提高设备生产强度。

在分析对比催化反应器的生产强度时，常要看在单位时间内单位体积（或者单位质量）催化剂所获得的产品量，亦即催化剂的生产强度，有时也称空时收率。单位是 $kg/(h \cdot m^3$ 催化剂$)$、$t/(d \cdot m^3$ 催化剂$)$ 或 $kg/(h \cdot kg$ 催化剂$)$、$t/(d \cdot kg$ 催化剂$)$ 等。

（5）反应转化率、选择性、收率 它们分别反映了原料通过反应器后的反应程度、原料生成目的产物的量，即原料的利用率。

（6）消耗定额 主要有原料消耗定额和公用工程的消耗定额。

3. 化学反应过程的影响因素

（1）生产能力影响因素 主要有设备、人员素质和化学反应进行的状况等。

（2）化学反应过程影响因素 包括温度、压力、催化剂、原料配比、物料的停留时间、反应过程工艺优化的目标等。

4. 化学反应过程监测与操作控制

（1）工艺参数的确定　包括温度、压力、原料配比、反应时间、转化率、催化剂等的操作控制。

（2）主要控制点、控制方法和控制范围

① 主要控制点　一般是温度、压力、压差、流量、液位等。

② 控制方法　主要有测量指标、测量记录、给定自调、自动控制、控制阀的位置、仪表自控、自调装置的位置及操作等。

③ 控制范围　主要工艺参数的控制范围。

（3）化学反应操作规程　化学反应操作规程即操作控制方案。操作人员根据工艺操作规程所要求的控制点以及相关的工艺参数进行操作控制，完成合格产品的生产。

5. 产物分离

产物分离主要是通过物理过程，分离出产品。反应产物通常包括产品物质在内的处于反应器出口条件下的混合物，也必须进行后处理。后处理的目的主要有：通过分离精制得到合乎质量规格的产品和副产品；使处理过程的排放废料达到排放标准；分离出部分未反应的原料进行再循环利用。以上每一步都需在特定的设备中，在一定的操作条件下完成所要求的化学的和物理的转变。

知识点三　转化率、选择性、收率

1. 转化率

转化率是反应物料中的某一反应物在一个系统中参加化学反应的量占其输入系统的总量的百分数，它表示了化学反应进行的程度。

转化率用 X 表示，反应物 A 的转化率 X_A 用表达式可表示为：

$$X_A = \frac{某一反应物\ A\ 反应掉的量}{该反应物\ A\ 的起始量}$$

如有反应：$aA + bB \longrightarrow cC + dD$

对反应物 A 而言，其转化率的数学表达式为：

$$X_A = \frac{n_{A_0} - n_A}{n_{A_0}} \times 100\%$$

式中　n_{A_0}——输入系统的反应物 A 的量，mol；

n_A——反应后离开系统的反应物 A 的量，mol。

化工生产过程中原料转化率的高低说明了该原料在反应过程中转化的程度。转化率越高，说明参加反应的该物质越多。一般情况下，进入反应体系中的每一种物质都难以全部参加反应，所以转化率常小于 100%。有的反应过程，原料在反应器中的转化率很高，进入反应器中的原料几乎都参加了反应。如萘氧化制苯酐的过程，萘的转化率几乎在 99% 以上，此时，未反应的原料就没有必要再回收利用。但是在很多情况下，由于反应本身的条件和催化剂性能的限制，进入反应器的原料转化率不可能很高，于是就需要将未反应的物料从反应后的混合物中分离出来循环使用，一方面提高原料的利用率，另一方面提高反应的选择性。

2. 选择性

一般说来，选择性是指体系中转化成目的产物的某反应物的量占参加所有反应而转化的该反应物总量的百分数，即参加主反应而生成目的产物所消耗的某种原料量在全部转化了的该种原料量中所占的百分数。在复杂的反应体系中，选择性是一个很重要的指标，它表达了主、副反应进行程度的大小，能确切反映原料的利用是否合理，所以可以用选择性这个指标来评价反应过程的效率。从选择性可以看出反应过程的各种主、副反应中主反应所占的百分数。选择性愈高，说明反应过程的副反应愈少，当然这种原料的有效利用率也就愈高。

选择性用 S 表示，用表达式可表示为：

$$S = \frac{\text{生成目的产物消耗某反应物的量}}{\text{该反应物的消耗量}} \times 100\%$$

3. 收率

收率亦称产率，是从产物角度描述反应过程的效率。泛指一般的反应过程及非反应过程中得到的目的产物的百分数。

收率用 Y 表示，用表达式可表示为：

$$Y = \frac{\text{生成目的产物所消耗的某原料的量}}{\text{该原料输入量}} \times 100\%$$

对于一些非反应的生产工序，如分离、精制等，在生产过程中也有物料损失，会致使产品收率下降。对于由多个工序组成的化工生产过程，整个生产过程可以用总收率来表示实际效果。非反应工序阶段的收率是实际得到的目的产物量占投入该工序的此种产物量的百分数，而总收率计算方法为各工序分收率的乘积。收率也可用如下表达式表示：

$$Y = \frac{\text{目的产物实际产量}}{\text{以输入反应器的原料计的目的产物理论产量}} \times 100\%$$

学习检测

一、简答题

1. 何为生产能力？

2. 何为生产周期？

3. 举例说明化工生产过程的工艺指标、影响因素及过程检测与操作控制。

4. 请解释什么是转化率、收率、选择性。

二、计算题

1. 已知丙烯氧化法生产丙烯醛的一段反应器，原料丙烯投料量为 600kg/h，出料中有丙烯醛 640kg/h，另有未反应的丙烯 25 kg/h，试计算原料丙烯的转化率、选择性及丙烯醛的收率。

2. 通过乙苯催化脱氢制取苯乙烯，若只考虑乙苯脱氢制苯乙烯的主反应、乙苯裂解为苯和乙烯的副反应，当乙苯投料量为 100kg/h，反应器出口物料组成为乙苯、苯乙烯和苯等，其中乙苯为 12.5kg/h，苯为 7.0kg/h，求乙苯转化率、苯乙烯选择性和收率。

3. 管式裂解炉原料乙烷进料 1000kg/h，反应掉乙烷量 700kg/h，得乙烯 400kg/h，求反应的转化率、选择性、收率。

4. 正丁烯氧化脱氢法制丁二烯的主反应为：$C_4H_8 + 1/2O_2 \longrightarrow C_4H_6 + H_2O$（气）。当正丁烯投料量为 200kg/h 时，反应器出口物料组成为丁二烯、正丁烯以及丙酮等，其中丁二烯为 115kg/h，正丁烯为 70kg/h，求正丁烯的转化率、丁二烯的选择性和收率。

5. 利用纯丙烷进行裂解制取烯烃，若只考虑丙烷的裂解反应和脱氢反应，当通入纯丙烷为 200kg/h 时，反应器出口物料组成中乙烯为 80kg/h，丙烯为 42kg/h，求丙烷对丙烯的选择性和收率。

6. 将纯乙烷进行裂解制取乙烯，已知乙烷的单程转化率为 60%，若每 100kg 进裂解器的乙烷可获得 46.4kg 乙烯，裂解气经分离后，未反应的乙烷大部分循环回裂解器（设循环气只是乙烷）。在产物中除乙烯及其他气体外，尚含有 4kg 乙烷。求生成乙烯的选择性、乙烷的全程转化率、乙烯的单程收率、乙烯的全程收率和全程质量收率。

任务二 化学平衡及其影响因素分析

任务目标

① 了解可逆反应与化学平衡的概念；
② 掌握化学平衡的影响因素；
③ 掌握化学平衡的移动原理，熟悉促进化学平衡向生成物方向移动的方法；
④ 了解平衡常数、平衡转化率的概念。

任务指导

化学平衡的建立是以可逆反应为前提的。从动力学角度看，反应开始时，反应物浓度较大，产物浓度较小，所以正反应速率大于逆反应速率。随着反应的进行，反应物浓度不断减小，产物浓度不断增大，所以正反应速率不断减小，逆反应速率不断增大。当正、逆反应速率相等时，系统中各物质的浓度不再发生变化，反应就达到了平衡。此时系统处于动态平衡状态。

了解化学平衡，对于控制化学反应进程、优化操作、提高生产过程的经济性有重要意义。

知识链接

知识点一 可逆反应与化学平衡

1. 可逆反应

可逆反应是指在相同条件下既能向正反应方向进行又能向逆反应方向进行的反应，例如合成氨生产中的变换反应为可逆反应；一般将向右进行的反应（生成产物方向）规定为正反应，将向左进行的反应（由产物转为反应物方向）规定为逆反应。如果反应只能朝一个方向进行，则为不可逆反应。

可逆反应的特点：①在密闭体系中进行；②反应物与生成物共同存在于同一反应体系中。

理论上任何化学反应都具有可逆性，但通常把反应物的转化率较大（大于95%）的反应视为不可逆反应。

2. 化学平衡

化学平衡的建立以"$CO(g) + H_2O(g) \rightleftharpoons CO_2(g) + H_2(g)$"为例说明。

在一定条件（催化剂、温度）下，将 0.01mol CO 和 0.01mol H_2O（g）通入 1L 密闭容器中。反应刚开始时，反应物浓度最大，正反应速率最大，生成物浓度为0，逆反应速率为0；反应进行中，反应物浓度减小，正反应速率减小，生成物浓度增大，逆反应速率增大；当某一时刻，会出现正反应速率与逆反应速率相等，此时，反应物浓度不变，生成物浓度也不变。正反应速率与逆反应速率随时间的变化关系如图 1-2 所示。从图 1-2 可知：反应刚开始时，正反应速率最大；随着反应的进行，正反应速率减小，而随生成物的增多，逆反应速率开始变大；经过一定的反应时间，正、逆反应速率相等，反应达到平衡。

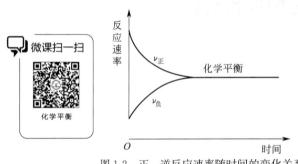

图 1-2 正、逆反应速率随时间的变化关系

（1）化学平衡状态 化学平衡状态指可逆反应在一定条件下，当正、逆反应速率相等时，反应混合物中各组分的浓度保持不变的状态。

（2）化学平衡的特点

① 平衡时，系统内各物质的浓度或分压不随时间而变化，即平衡组成不变；

② 化学平衡是一种动态平衡，$\nu_{正} = \nu_{逆} \neq 0$，ν 表示反应速率；

③ 化学平衡是在一定条件下建立的，一旦条件（反应温度、反应压力或反应物浓度）发生变化，原平衡就会被破坏，即平衡发生移动；

④ 系统的平衡组成与达到平衡状态所经历的途径无关。

知识点二 化学平衡的影响因素

影响化学平衡的因素主要有反应物浓度、反应温度、反应压力等。

（1）反应物浓度对化学平衡的影响 在其他条件不变时，增大反应物浓度或减小生成物浓度，平衡向正反应方向移动；增大生成物浓度或减小反应物浓度，平衡向逆反应方向移动。

（2）反应温度对化学平衡的影响 在其他条件不变的情况下，反应温度升高，会使化学平衡向着吸热反应的方向移动；反应温度降低，会使化学平衡向着放热反应的方向移动。

（3）反应压力对化学平衡的影响 对于气体反应物和气体生成物分子数不等的可逆反

应来说，当其他条件不变时，增大总压力，平衡向气体分子数减少即气体体积缩小的方向移动；减小总压力，平衡向气体分子数增加即气体体积增大的方向移动。若反应前后气体总分子数（总体积）不变，则改变压力不会造成平衡的移动。

知识点三　化学平衡的移动原理

可逆反应中旧化学平衡的破坏、新化学平衡的建立过程叫作化学平衡的移动。

化学平衡的移动原理（勒夏特列原理）：如果改变影响平衡的一个条件（如反应物浓度、反应温度、反应压力），平衡就向能够减弱这种改变的方向移动。

化学平衡移动的根本原因是改变了外界条件，破坏了原平衡体系，使得 $\nu_正 \neq \nu_逆$。当 $\nu_正 > \nu_逆$ 时，平衡向正反应方向移动；当 $\nu_正 < \nu_逆$ 时，平衡向逆反应方向进行；当 $\nu_正 = \nu_逆$ 时，平衡不移动。

知识点四　化学平衡常数与平衡转化率

实验测得反应 $H_2(g) + I_2(g) \rightleftharpoons 2HI(g)$ 在 698.6K 时各物质的初始浓度和平衡浓度如表 1-2 所示：

表 1-2　H_2 和 I_2 反应时各物质的初始浓度和平衡浓度

初始浓度/(mol/L)			平衡浓度/(mol/L)			$\dfrac{[HI]^2}{[H_2][I_2]}$
$c_0(H_2)$	$c_0(I_2)$	$c_0(HI)$	$[H_2]$	$[I_2]$	$[HI]$	
0.01067	0.01196	0	0.001831	0.003129	0.01767	54.49783
0.01135	0.009044	0	0.003560	0.001250	0.001250	54.61755
0.01134	0.007510	0	0.004565	0.0007378	0.0007378	54.43245
0	0	0.004489	0.0004798	0.0004798	0.003531	54.15954
0	0	0.01069	0.001141	0.001141	0.008410	54.32762

分析表 1-2 发现，不管 H_2、I_2 和 HI 的初始浓度是多大，只要保持反应体系的温度不变，达到化学平衡状态后，$\dfrac{[HI]^2}{[H_2][I_2]}$ 就为常数。

1. 化学平衡常数

在一定温度下，某个可逆反应达到平衡时，产物浓度系数次方的乘积与反应物浓度系数次方的乘积之比是一个常数，这个常数称为化学平衡常数。

对于一般的反应 $aA + bB \rightleftharpoons cC + dD$，当温度一定，达到化学平衡时，其平衡常数表达式为：

$$K = \frac{[C]^c [D]^d}{[A]^a [B]^b}$$

式中　K——该反应的平衡常数；

　　　$[A]$——反应物 A 的平衡浓度，余类同；

　　　a——反应物 A 的化学计量系数，余类同。

注意：平衡常数表达式中不包括固体和纯液体物质的浓度项（因为它们的浓度为常数），只包括气态物质和溶液中各溶质的浓度。

化学平衡常数不受反应物浓度与反应压力影响，只受温度影响。

（1）平衡常数的应用

① 判断反应可能进行的程度，估计反应的可能性。

$K > 10^5$ 时，基本完全反应；

$K = 10^{-5} \sim 10^5$，可逆反应；

$K < 10^{-5}$ 时，很难反应。

说明：K 值越大，反应越完全；K 值越小，反应越不完全。

K 值的大小只能预示反应所能进行的最大程度。

② 判断反应进行的方向、反应是否达到平衡状态。

（2）浓度熵 在化学反应的任意时刻，产物浓度系数次方的乘积与反应物浓度系数次方的乘积之比称为浓度熵，符号为 Q。

对化学反应 $aA + bB \rightleftharpoons cC + dD$ 的任意状态：

$$Q = \frac{[C]^c [D]^d}{[A]^a [B]^b}$$

在温度一定时，Q 与 K 相比较，可知反应进行的方向。具体方法如下：

$Q = K$ 时，反应已达平衡；

$Q > K$ 时，反应逆向进行；

$Q < K$ 时，反应正向进行。

2. 平衡转化率

平衡转化率是指某一可逆化学反应达到化学平衡状态时，某反应物 A 参与化学反应转化掉的量占该反应物投入量的百分数。

对于化学反应 $aA + bB \rightleftharpoons cC + dD$，反应物 A 的平衡转化率可表示为：

$$X_A^* = \frac{\text{反应物 A 的起始浓度（或投入量）} - \text{反应物 A 的平衡浓度（或平衡时剩余量）}}{\text{反应物 A 的起始浓度（或投入量）}} \times 100\%$$

学习检测

一、填空题

1. A、B、C 三种气体，取 A 和 B 按 1∶2 的物质的量之比混合，在密闭容器中反应：A + 2B $\rightleftharpoons$ 2C。平衡后测得混合气体中反应物总物质的量与生成物物质的量相等，A 的转化率是_____。

2. 化学平衡的影响因素主要有_____、温度、压力等。

3. 由化学平衡常数 K 可以推断反应进行的_____，K 值越大，说明反应进行得越_____，反应物的转化率也越_____，但 K 值只与_____有关；转化率也可以表示某一可逆反应进行的_____，转化率越大，反应进行得越_____，但是转化率与反应物的起始浓度等因素有关，转化率变化了，K 值_____变化。

二、选择题

1. 在甲、乙两密闭容器中，分别充入 HI、NO_2，发生反应：

（1）$2HI(g,\text{无色}) \rightleftharpoons H_2(g) + I_2(g,\text{紫色})$，正反应为放热反应；

（2）$2NO_2(g,红棕色) \Longleftrightarrow N_2O_4(g,无色)$正反应为放热反应。

下列措施中能使两个容器中混合气体颜色加深，且平衡发生移动的是（　　）。

A. 增加反应物浓度　　　　　　　B. 增大压力（缩小体积）

C. （1）降温／（2）升温　　　　　　D. 加催化剂

2. 下列能用勒夏特列原理解释的是（　　）。

A. $Fe(SCN)_3$溶液中加入固体KSCN后颜色变深

B. 棕红色NO_2加压后颜色先变深后变浅（NO_2能转化为无色N_2O_4）

C. SO_2催化氧化生成SO_3的反应，往往需要使用催化剂

D. H_2、I_2、HI平衡混合气加压后颜色变深

3. 在2000K时，反应$CO(g)+1/2O_2(g) \Longleftrightarrow CO_2(g)$的平衡常数为$K_1$，则相同温度下反应$2CO_2(g) \Longleftrightarrow 2CO(g)+O_2(g)$的平衡常数$K_2$为（　　）。

A. $1/K_1$　　　　　B. K_1^2　　　　　C. $1/K_1^2$　　　　　D. $K_1^{-1/2}$

三、判断题

1. 化学平衡是一种动态平衡，所以$\nu_正 = \nu_逆 = 0$。　　　　　　　　　　　　（　　）

2. 一个反应体系达到平衡的依据是正、逆反应速率相等。　　　　　　　　（　　）

3. 氢气在氧气中燃烧生成水，水在电解时生成氢气和氧气，是可逆反应。　　（　　）

4. 在其他条件不变时，增大反应物的浓度，平衡向正反应方向移动。　　　（　　）

5. 若反应前后气体总体积不变，则改变压力不会造成平衡的移动。　　　　（　　）

6. 温度降低，可以增大任何化学反应的化学反应速率。　　　　　　　　　（　　）

7. 提高一种反应物在原料气中的比例，可以提高另一种反应物的转化率。　（　　）

四、问答题

1. 请通过以下各反应平衡常数的数值，讨论反应可能进行的程度：

化学反应	K值	反应程度
$2NO(g)+2CO(g) \Longleftrightarrow N_2(g)+2CO_2(g)$　（570K）	约为1059	
$2HCl(g) \Longleftrightarrow H_2(g)+Cl_2(g)$　（300K）	约为$10\sim33$	
$PCl_3(g)+Cl_2(g) \Longleftrightarrow PCl_5(g)$　（470K）	约为1	

2. 反应$SO_2(g)+NO_2(g) \Longleftrightarrow SO_3(g)+NO(g)$，在一定温度下，将物质的量浓度均为2mol/L的$SO_2(g)$和$NO_2(g)$注入一密闭容器中，当达到平衡状态时，测得容器中$SO_2(g)$的转化率为50%，试求在该温度下：

（1）此反应的平衡常数。

（2）若$SO_2(g)$的初始浓度增大到3mol/L，$NO_2(g)$的初始浓度仍为2mol/L，则$SO_2(g)$的转化率变为多少？

3. 已知$CO(g)+H_2O(g) \Longleftrightarrow CO_2(g)+H_2(g)$，800℃，$K=1$。试推导在下列浓度下反应进行的方向。

序号	CO/(mol/L)	H_2O/(mol/L)	CO_2/(mol/L)	H_2/(mol/L)	反应进行的方向
1	0.3	0.5	0.4	0.4	
2	1.0	0.3	0.5	0.6	
3	0.8	1.6	0.7	1.7	

课外训练

1. $2SO_2(g)+O_2(g)\rightleftharpoons 2SO_3(g)$是硫酸制造工业的基本反应，在生产中通常采用通入过量空气的方法，为什么？

2. 课后通过查找资料，分析工业合成氨是如何利用化学平衡移动原理提高转化率的。

▶ 任务三　化学反应速率及其影响因素分析

任务目标

① 了解化学反应速率的定义；

② 理解影响反应速率的因素，熟悉提高化学反应速率的方法；

③ 了解均相反应动力学。

任务指导

化学反应中涉及化学反应速率与影响化学反应速率的因素。化学反应动力学是研究化学反应速率与影响化学反应速率因素的关系的学科。有效控制化学反应速率是操作好反应器的必需知识。

 知识链接

知识点一　化学反应速率

1. 化学反应速率的概念

化学反应速率是单位时间内反应物或生成物的浓度变化量，表示符号为 v。

由于浓度单位为 mol/L，因而化学反应速率的单位常为 mol/(L·min)或 mol/(L·s)。

随着反应的持续进行，反应物不断减少，生成物不断增多，各组分的瞬时组成不断地变化，因而化学反应速率一般指"化学反应瞬时速率"。对于一个化学反应过程，一般用化学反应平均速率来衡量其进行的快慢程度。

2. 化学反应速率的意义

不同的化学反应进行的快慢不一样。有的反应进行得很快，瞬间就能完成，例如氢气和氧气混合气体遇火爆炸，酸和碱的中和反应等；有的反应则进行得很慢，例如有些塑料的分解要经过几百年，石油的形成要经过亿万年等。这些都说明了不同的化学反应具有不同的反应速率。

改变化学反应速率在实践中有很重要的意义，例如，可以根据生产和生活的需要采取适当的措施，加快某些生产过程，如加速合成氨反应、加速合成树脂或生产橡胶的反应等；也可以根据需要减缓某些反应速率，如延缓塑料和橡胶的老化等。

知识点二 化学反应速率的影响因素

影响化学反应速率的因素包括内因和外因。内因为主要因素，即反应物本身的性质；外因包括反应物浓度、反应温度、反应压力（或称反应压强）、催化剂、光、反应物颗粒大小、反应物之间的接触面积和反应物状态等。

1. 反应物浓度

许多实验证明，当其他条件不变时，增加反应物的浓度，就增加了单位体积的活化分子数目，从而增加了有效碰撞，增大了化学反应速率。

2. 反应温度

在浓度一定时，升高温度，反应物分子的能量增加，使一部分原来能量较低的分子变成活化分子，从而增加了反应物分子中活化分子的百分数，使有效碰撞次数增多，因而使化学反应速率增大。

根据测定，温度每升高 10℃，化学反应速率通常增大到原来的 2～4 倍。

3. 反应压力

对于气体来说，当温度一定时，一定量气体的体积与其所受的压强（压力）成反比。如果气体的压强增大到原来的 2 倍，气体的体积就缩小到原来的 1/2，单位体积内的分子数增大到原来的 2 倍，如图 1-3 所示。所以，增大压强就是增加单位体积反应物的物质的量，即增大反应物的浓度，因而可以增大化学反应速率。相反，减小压强，气体的体积就扩大，浓度减小，因而化学反应速率也减小。

如果参加反应的物质是固体、液体或溶液，由于改变压强对它们体积改变的影响很小，因而对它们浓度改变的影响也很小，可以认为改变压强对它们的反应速率无影响。

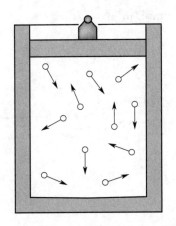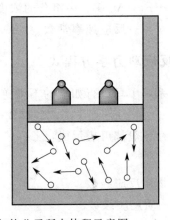

图 1-3 压强大小与一定量气体分子所占体积示意图

4. 催化剂

使用正催化剂能够降低反应所需的活化能量，使更多的反应物分子成为活化分子，大大提高单位体积内反应物分子中活化分子的百分数，从而成千上万倍地增大反应速率。据统计，约有 85％ 的化学反应需要使用催化剂，有很多反应还必须靠性能优良的催化剂才能进行。

化工生产中，为加快化学反应速率，优先考虑的措施是选用适宜的催化剂。催化剂只能改变化学反应速率，改变不了化学反应平衡。

负催化剂能减缓化学反应速率，如橡胶中加入的防老化剂就属于负催化剂，可阻止橡胶老化。

5. 其他因素

增大一定量固体的表面积（如粉碎），可增大反应速率；光照一般也可增大某些反应的速率。此外，超声波、电磁波、溶剂等对反应速率也有影响。

知识点三　均相反应动力学

一、定义

研究化学反应速率的规律，也就是研究物料的浓度、温度以及催化剂等因素对化学反应速率的影响。影响反应速率的因素有反应温度、组成、压力、溶剂的性质、催化剂的性质等。然而对于绝大多数的反应，影响的最主要因素是反应物的浓度和反应温度，因而化学动力学方程一般都可以写成：

$$\pm \nu_i = f(c, T)$$

式中　ν_i——组分 i 的反应速率，$kmol/(m^3 \cdot h)$；

　　　c——反应物料的浓度，$kmol/m^3$；

　　　T——反应温度，K。

在恒温条件下，化学动力学方程可写成：

$$\pm \nu_i = k f(c_A, c_B, \cdots)$$

在非恒温时，化学动力学方程可写成：

$$\pm \nu_i = f'(T) f(c_A, c_B, \cdots)$$

式中　c_A，c_B，$\cdots$——A、B、$\cdots$组分的浓度，$kmol/m^3$；

　　　k——反应速率常数。

二、均相反应动力学方程式

在均相反应系统中只进行如下的不可逆化学反应：

$$a A + b B \longrightarrow r R + s S$$

其动力学方程一般都可表示成：

$$\pm \nu_i = k_i c_A^{\alpha_1} c_B^{\alpha_2}$$

式中　α_1——A 物质反应级数；

　　　α_2——B 物质反应级数。

三、几个概念

1. 反应级数

反应级数是指动力学方程式中浓度项的指数。它是由实验确定的常数，可以是分数，也可以是负数。它反映的是该物料浓度对反应速率的影响程度。反应级数越高，该物料浓度对反应速率的影响越大。如果反应级数等于零，在动力学方程式中该物料的浓度项就不出现，说明该物料浓度对反应速率没有影响；如果反应级数为负值，说明该物料浓度的增加反而阻抑了反应，使反应速率下降。总反应级数等于各组分反应级数之和，即 $n = \alpha_1 + \alpha_2 + \alpha_3 + \cdots$。

综上所述，理解反应级数时应特别注意：

① 反应级数不同于反应的分子数，前者是在动力学意义上讲的，后者是在计量化学意义上讲的。

对于基元反应，反应级数即等于化学反应式的计量系数值；而对于非基元反应，反应级数应通过实验来确定。

② 反应级数高低并不单独决定反应速率的快慢，反应级数只反映反应速率对浓度的敏感程度。级数愈高，浓度对反应速率的影响愈大。表1-3为不同级数反应的反应速率随浓度的变化情况。

表 1-3 不同级数反应的反应速率随浓度的变化情况

转化率	反应物浓度	相对反应速率		
		零级反应	一级反应	二级反应
0	1	1	1	1
0.3	0.7	1	0.7	0.49
0.5	0.5	1	0.5	0.25
0.9	0.1	1	0.1	0.01
0.99	0.01	1	0.01	0.0001

由表1-3可见，除零级反应外，随转化率提高，反应物浓度下降，反应速率显著下降，二级反应的下降幅度较一级反应更甚。特别是在反应末期，反应速率极慢。由此不难想象，当要求高转化率时，反应的大部分时间将用于反应的末期。

2. 基元反应与非基元反应

（1）基元反应 如果反应物分子在碰撞中经过一步直接转化为产物分子，则称该反应为基元反应。

（2）非基元反应 若反应物分子要经过若干步，即经由几个基元反应才能转化为产物分子，则称该反应为非基元反应。

3. 化学反应速率常数 k

k 就是当反应物浓度为1时的反应速率，又称反应的比速率。

k 值大小直接决定了反应速率的高低和反应进行的难易程度。不同的反应有不同的反应速率常数，对于同一个反应，速率常数随温度、溶剂、催化剂的变化而变化。

温度是影响反应速率的主要因素之一。大多数反应速率都随着温度的升高而增加，但不同的反应，反应速率增加的快慢是不一样的。k 随温度的变化规律符合阿伦尼乌斯关系式：

$$k = A_0 \exp\left(-\frac{E}{RT}\right)$$

式中 E——活化能；

$\quad A_0$——频率因子。

4. 活化能 E

反应活化能是为使反应物分子"激发"所需给予的能量。活化能的大小是表征化学反应进行难易程度的标志。活化能高，反应难以进行；活化能低，反应容易进行。但是活

化能 E 不是决定反应难易程度的唯一因素，它与频率因子 A_0 共同决定反应速率。

在理解活化能 E 时，应当注意：

① 活化能 E 不同于反应的热效应，它并不表示反应过程中吸收或放出的热量，而只表示使反应分子达到活化态所需的能量，故与反应热效应并无直接的关系。

② 活化能 E 不能独立预示反应速率的大小，它只表明反应速率对温度的敏感程度。E 愈大，温度对反应速率的影响愈大。除了个别反应外，一般反应速率均随温度的上升而加快。E 愈大，反应速率随温度的上升增加得愈快。

③ 对于同一反应，当活化能 E 一定时，反应速率对温度的敏感程度随着温度的升高而降低。

表 1-4 列出了不同反应活化能时反应速率增大一倍需要提高的温度值。

表 1-4　不同反应活化能时反应速率增大一倍需要提高的温度值

温度/℃	需要提高的温度/℃		
	活化能/(42kJ/mol)	活化能/(167kJ/mol)	活化能/(293kJ/mol)
0	11	3	2
400	70	17	9
1000	273	62	37
2000	1037	197	107

学习检测

一、填空题

1. 化学反应速率常用单位是 ＿＿＿＿＿＿＿＿ 。

2. 对于一个化学反应过程，一般用化学反应平均速率来衡量其进行的 ＿＿＿＿＿ 。

3. 影响化学反应速率的外界条件主要是反应物浓度、反应温度、反应压强和 ＿＿＿＿ 等。

4. 反应级数只反映反应速率对 ＿＿＿＿＿＿ 的敏感程度。级数越高，＿＿＿＿＿＿ 对反应速率的影响越大。

5. 活化能只表明反应速率对 ＿＿＿＿＿ 的敏感程度。活化能越大，＿＿＿＿＿ 对反应速率的影响越大。

二、选择题

1. 某一反应物的浓度是 1.0mol/L，经过 20s 后，它的浓度变成了 0.2mol/L，在这 20s 内它的平均反应速率为（　　　）。

A. 0.04　　　　　　　　　　　B. 0.04mol/(L·s)

C. 0.8mol/(L·s)　　　　　　　D. 0.04mol/L

2. 某化学反应 A 的化学反应速率为 1mol/(L·min)，而化学反应 B 的化学反应速率为 0.2mol/(L·min)，则化学反应 A 的反应速率比化学反应 B 的反应速率（　　　）。

A. 快　　　　　B. 慢　　　　　C. 相等　　　　　D. 无法确定

3. 化工生产中，为加快反应速率，优先考虑的措施是（　　　）。

A. 选用适宜的催化剂　　　　　B. 提高设备强度，以便加压

C. 采用高温　　　　　　　　　D. 增大反应物浓度

三、判断题

1. 在某化学反应中，某一反应物 B 的初始浓度是 2.0mol/L，经过 2min 后，B 的浓度变成了 1.6mol/L，则在这 2min 内 B 的化学反应速率为 0.2mol/(L·min)。（   ）

2. 当其他条件不变时，增加反应物的浓度可以增大化学反应速率。（   ）

3. 压强增加，可以增大任何化学反应的化学反应速率。（   ）

4. 温度降低，可以增大任何化学反应的化学反应速率。（   ）

5. 在实验室用分解氯酸钾的方法制取氧气时，使用二氧化锰作催化剂可以加快氧气生成的化学反应速率。（   ）

6. 对于反应级数大于 1 的反应，初始浓度提高时要达到同样转化率，反应时间增加。（   ）

7. 对于反应级数小于 1 的反应，初始浓度提高时要达到同样转化率，反应时间减少。（   ）

8. 对于反应级数 $n \geqslant 1$ 的反应，大部分反应时间是用于反应的末期。高转化率或低残余浓度的要求会使反应所需时间大幅度增加。（   ）

课外训练

1. 根据自己已学过的相关知识，分析可以采取哪些措施来提高化学反应的反应速率。

2. 课后通过查找资料，联系实际，想想在生活或生产实际中哪些地方需要增加化学反应速率，哪些地方需要减缓化学反应速率。

任务四　认识化学反应器

任务目标

① 了解反应器的分类；

② 了解不同类型的反应器及其特点；

③ 熟悉反应器的操作方式。

任务指导

化学反应器是进行化学反应的场所。反应器种类繁多，在化工厂中反应器是整套化工装置中最为重要的设备之一。

知识链接

微课扫一扫

化学反应器的
分类与应用

知识点一　化学反应器的分类

一、按反应系统涉及的相态（物料聚集状态）分类

反应器可分为均相和非均相两大类（见表 1-5）。在均相反应器中反

应物系无相界面，反应速率仅与温度和浓度（或压力）有关；在非均相反应器中则存在相界面，反应速率不仅与温度和浓度（或压力）有关，还与相界面的大小、相间扩散速率等因素有关。

表 1-5　反应器按物料相态分类

反应器种类		适用的装置形式	工业应用举例
均相	气相	管式	烃类热裂解、二氯乙烷热裂解
	液相	釜式、管式	过氧化氢异丙苯分解、环氧乙烷水合
非均相	气-液相	釜式、塔式	苯烷基化、对二甲苯氧化
	液-液相	釜式、塔式	苯磺化、苯硝化
	气-固相	固定床、流化床	乙苯脱氢、裂解汽油加氢
	液-固相	釜式、塔式	离子交换树脂法制三聚甲醛
	气-液-固相	釜式、固定床、流化床	减压柴油加氢裂化

1. 均相反应器

在均相反应器内，反应混合物均匀地混合为单一的气相或者液相，不存在相界面和相与相之间的传质，反应速率只与浓度（或压力）、反应温度有关。根据反应混合物的相态不同，均相反应器又分为气相反应器和液相反应器。例如：石油气裂解反应采用气相均相反应器；在精细化工中，乙酸和乙醇在液态催化剂作用下合成乙酸乙酯的反应采用液相均相反应器。

2. 非均相反应器

在非均相反应器内，反应混合物处于不同的相态中，存在相界面和相与相之间的传质，反应速率除了与浓度（或压力）、反应温度有关外，还与相界面大小及相间传质速率有关。根据反应混合物包含的相态的类别不同，非均相反应器又分为气-液非均相反应器（乙烯和苯反应生成乙苯）、气-固非均相反应器（煤的气化反应、氨的合成反应）、液-固非均相反应器、不互溶液-液非均相反应器、固-固非均相反应器、气-液-固三相非均相反应器。

二、按结构形式分类

这类分类方法的实质是按传递过程特性分类（见表 1-6），同类结构的反应器中的物料往往具有相同的流体流动、传热和传质特性。常见的反应器可分为釜式、管式、塔式、固定床、流化床等几种，它们的明显差异在于高径比不同或催化剂在反应器内的状态各异。

表 1-6　反应器按结构形式分类

结构形式	适用反应	特点	工业应用举例
釜式反应器	液相、液-液相、气-液相、液-固相、气-液-固相	靠机械搅拌保持温度和浓度的均匀；气-液相反应的气体鼓泡	酯化、甲苯硝化、氯乙烯聚合、丙烯腈聚合等
管式反应器	气相、液相	流体通过管式反应器进行反应	轻柴油裂解生产乙烯、管式法高压聚乙烯生产、环氧乙烷水合制乙二醇等

结构形式	适用反应	特点	工业应用举例
塔式反应器 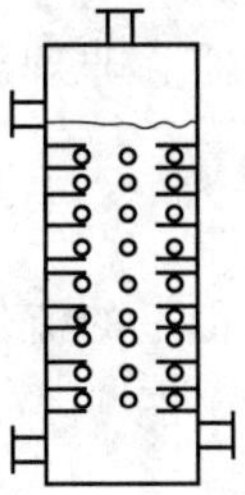	气-液相、气-液-固相	气体以鼓泡的形式通过液体（固体）反应	苯的烷基化、乙烯氧化生产乙醛、乙醛氧化制乙酸
固定床反应器 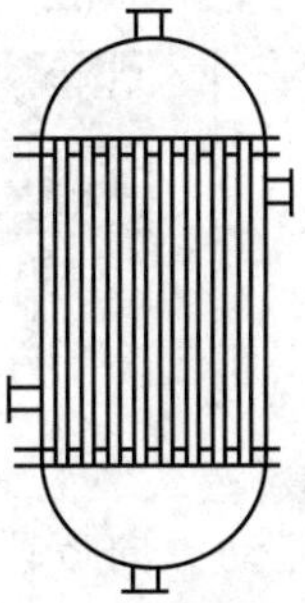	气-固相（催化反应或非催化反应）	流体通过静止的固体催化剂颗粒构成的床层进行化学反应	合成氨、乙苯脱氢制苯乙烯、乙烯环氧化
流化床反应器 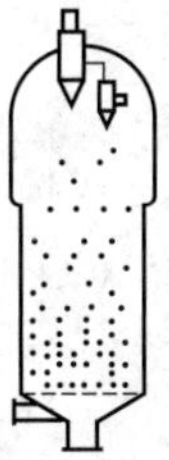	气-固相催化反应	固体催化剂颗粒受流体作用悬浮于流体中进行反应，床层温度比较均匀	石油催化裂化、丙烯氨氧化、乙烯氯化制二氯乙烷

1. 管式反应器

由圆形空管构成，并带有管件，一般长径比很大，大于 30，带有管件，大多用于气体均相反应，例如乙烷的热裂解反应。

2. 釜式反应器

也称槽式反应器或锅式反应器，外形呈圆柱状，高径比一般在 1~3，内部一般装有搅拌器，以使物料混合均匀，可用于有液相参加的反应。

3. 塔式反应器

外形呈圆柱状，高径比较大，一般高径比在 3~30，即介于管式反应器和釜式反应器之间，内部设有各种塔件，大多用于气-液相反应，例如氨水碳化反应。

4. 固定床反应器

圆柱状，内有流体分布装置和固体支承装置，催化剂不易磨损，但装卸难，传热控温不易，接近平推流。例如氨合成、乙苯脱氢、乙烯氧化合成环氧乙烷、甲烷蒸汽转化。

5. 流化床反应器

圆柱状或圆锥状，内有流体分布装置和固体回收装置，传热好，易控温，粒子易于输送，但易磨损，操作条件限制较大，返混较大。例如石油催化裂化、萘氧化制苯酐、煤气化、丙烯氨氧化制丙烯腈。

三、按流体流动及混合形式分类

反应器按流体流动及混合形式可分为平推流反应器、理想混合流反应器、非理想混合流反应器。

1. 平推流反应器

物料在长径比很大的管式反应器中流动时，如果反应器中每一微元体积里的流体以相同的速度向前移动，此时在流体的流动方向上不存在返混，这就是平推流（图1-4）。

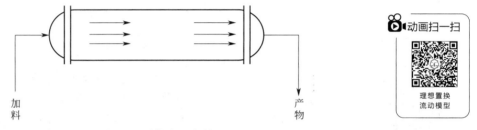

图1-4 平推流反应器

特点：各物料微元通过反应器的停留时间相同；物料在反应器中沿流动方向逐段向前移动，无返混；物料组成和温度等参数沿管程递变（图1-5），但是每一个截面上物料组成和温度等参数在时间进程中不变；连续稳态操作，结构为管式结构。

2. 理想混合流反应器

反应器的物料微元与器内原有的物料微元瞬间能充分混合（反应器中强烈搅拌），反应器中各点浓度相等且不随时间变化，反应器内物料质点返混程度为无穷大（图1-6）。

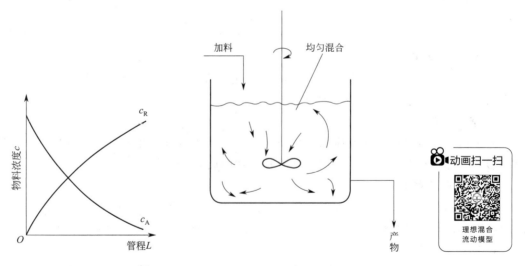

图1-5 平推流反应器内浓度变化　　　图1-6 理想混合流反应器

（1）特点　各物料微元通过反应器的停留时间不相同；物料充分混合，返混严重；反应器中各点物料组成和温度相同（图1-7），不随时间变化；为连续搅拌釜式反应器。

（2）返混及其对反应的影响　返混不是一般意义上的混合，它专指不同时刻进入反应器的物料之间的混合，是逆向的混合，或者说是不同时长质点之间的混合。返混是连续化后才出现的一种混合现象。间歇操作反应器中不存在返混，平推流反应器是没有返混的一种典型的连续反应器，而理想混合反应器则是返混达到极限状态的一种反应器。

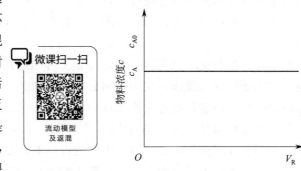

图 1-7　理想混合流反应器内浓度变化

非理想流动反应器存在不同程度的返混，返混带来的最大影响是反应器进口处反应物高浓度区的消失或减少。下面以理想混合反应器为例来说明。对理想混合反应器而言，进口处反应物虽然具有高浓度，但一旦进入反应器内，由于存在剧烈的混合作用，进入的高浓度反应物料立即被迅速分散到反应器的各个部位，并与那里原有的低浓度物料相混合，使高浓度瞬间消失。可见，理想混合反应器中由于剧烈的搅拌混合，不可能存在高浓度区。

在此需要指出的是，间歇操作釜式反应器中同样存在剧烈的搅拌与混合，但不会导致高浓度的消失，这是因为混合对象不同。间歇操作釜式反应器中彼此混合的物料是在同一时刻进入反应器的，又在反应器中在同样条件下经历了相同的反应时间，因而具有相同的性质、相同的浓度，这种浓度相同的物料之间的混合当然不会使原有的高浓度消失。而连续操作釜式反应器中存在的都是早先进入反应器并经历了不同反应时间的物料。其浓度已经下降，进入反应器的新鲜高浓度物料一旦与这种已经反应过的物料相混合，高浓度自然会随之消失。因此，间歇操作和连续操作釜式反应器虽然同样存在剧烈的搅拌与混合，但参与混合的物料是不同的。前者是同一时刻进入反应器的物料之间的混合，并不改变原有的物料浓度；后者则是不同时刻进入反应器的物料之间的混合，是不同浓度、不同性质物料之间的混合，属于返混，它造成了反应物高浓度的迅速消失，导致反应器的生产能力下降。

返混改变了反应器内的浓度分布，使反应器内反应物的浓度下降，反应产物的浓度上升。但是，这种浓度分布的改变对反应的利弊取决于反应过程的浓度效应。返混是连续操作反应器中的一个重要工程因素，任何过程在连续化时必须充分考虑这个因素的影响，否则不但不能强化生产，反而有可能导致生产能力的下降或反应选择性的降低。

返混的结果是产生停留时间分布，并改变反应器内浓度分布。返混对反应的利弊视具体的反应特征而异。在返混对反应不利的情况下，要使反应过程由间歇操作转为连续操作时，应当考虑返混可能造成的危害。选择反应器的形式时，应尽量避免选用可能造成返混的反应器，特别应当注意有些反应器内的返混程度会随其几何尺寸的变化而显著增强。

返混不但会对反应过程产生不同程度的影响，更重要的是会使反应器的工程放大产生一系列问题。放大后的反应器中流动状况改变，导致了返混程度的变化，给反应器的放大计算带来很大的困难。因此，在分析各种类型反应器的特征及选用反应器时都必须把反应器的返混状况作为一项重要特征加以考虑。

降低返混程度的主要措施是分割，通常有横向分割和纵向分割两种，其中重要的是横向分割。

连续操作搅拌釜式反应器，其返混程度可能达到理想混合程度。为了减少返混，工业上常采用多釜串联的操作，这是横向分割的典型例子。当串联釜数足够多时，这种连续多釜串联的操作性能就很接近平推流反应器的操作性能。

流化床反应器是气-固相连续操作的一种工业反应器。流化床中由于气泡运动造成气相和固相都存在严重的返混。为了限制返混，对高径比较大的流化床反应器常在其内部装置横向挡板以减少返混，而对高径比较小的流化床反应器则可设置垂直管作为内部构件，这是纵向分割的例子。

对于气-液鼓泡塔反应器，由于气泡搅动所造成的液体反向流动，形成很大的液相循环流量。因此，其液相流动十分接近理想混合。为了限制气-液鼓泡塔反应器中液相的返混程度，工业上常采用以下措施：放置填料，即填料鼓泡塔，填料不但起分散气泡、增强气-液相间传质的作用，而且限制了液相的返混；设置多孔多层横向挡板，把床层分成若干级，尽管在每级内液相仍然达到全混，但对整个床层来说类似于多釜串联反应器，使级间的返混受到很大的限制；设置垂直管，既可限制气泡的合并长大，也可在一定程度上起到限制液相返混的作用。

3. 非理想混合流反应器

非理想混合流反应器又称实际反应器，主要是由于工业生产中反应器的死角、沟流、旁路、短路及不均匀的速度分布而使物料的流动形态偏离理想流动。

（1）存在滞留区　滞留区亦称死区、死角，是指反应器中流体流动极慢导致几乎不流动的区域。它的存在使部分流体的停留时间极长。滞留区主要产生于设备的死角中，如设备两端、挡板与设备壁的交接处，设备设有其他障碍物时最易产生死角。滞留区的减少主要通过合理的设计来保证。

（2）存在沟流与短路　设备设计不合理，如进出口离得太近，会出现短路。固定床反应器和填料塔反应器中，由于催化剂颗粒或填料装填不均匀，形成低阻力的通道，使部分流体快速从此通过而形成沟流。

（3）存在循环流　实际的釜式反应器、鼓泡塔反应器和流化床反应器中均存在流体的循环运动。

四、按操作方式分类

反应器按操作方式可分为间歇式、连续式、半连续式三种，见表1-7。

表1-7　反应器按操作方式分类

种类	适用反应	工业应用举例
间歇式	反应时间长、少批量、多产品品种	精细化学品合成
连续式	工艺成熟、大批量、反应时间短	基本化学品合成
半连续式	反应时间长、产物浓度要求较高	氨水吸收二氧化碳生产碳酸氢铵

1. 间歇操作反应器

在反应之前将原料一次性加入反应器中，经过一定时间的反应，反应达到规定的转化率，即得反应物，然后再一次性取出产物的操作方式，通常为带有搅拌器的釜式反应器。其特点是反应过程中，反应物的浓度逐渐减小且产物的浓度逐渐增大。

动画扫一扫

反应器的
间歇操作

由于存在加料、卸料和清洗等非生产时间，操作弹性大，反应器生产效率不高，主要用于反应时间长、小批量、产品种类多的生产场合。例如精细化学品的生产。

2. 连续操作反应器

反应物连续加入反应器且产物连续引出反应器，属于稳态过程，可以采用釜式、管式和塔式反应器。其特点是：反应过程中，反应物和产物的浓度不随时间变化；反应器生产效率高，适于大规模的工业生产；生产能力较强，产品质量稳定，易于实现自动化操作。例如基本化学品的生产等。

动画扫一扫

反应器的
连续操作

3. 半连续操作反应器

半连续操作反应器介于间歇操作反应器和连续操作反应器之间，预先将部分反应物在反应前一次加入反应器，其余的反应物在反应过程中连续加入，或者在反应过程中将某种产物连续地从反应器中取出，属于非稳态过程。其特点是：反应不太快，温度易于控制，有利于提高可逆反应的转化率；适用于反应时间较长、产物浓度要求高的场合。例如氨水吸收二氧化碳生产碳酸氢铵的过程。

五、按传热传质条件分类

反应器按传热传质条件可以分为绝热式、外热式和自热式三种，见表1-8。

表1-8　反应器按传热传质条件分类

种类		特点	适用场合
绝热式		反应过程中不换热	热效应小，反应允许一定的温度变化
换热式	外热式	反应过程同时换热，换热介质来自反应体系以外	热效应大，反应要求温度变化小
	自热式	反应过程同时换热，换热介质来自反应体系	热效应适中，反应要求温度变化小

1. 绝热式反应器

在反应过程中不进行换热，反应放出的热被反应体系自身吸收而温度升高，或反应吸收的热来自反应体系而温度降低，即全部反应热使物料升温或者降温。

2. 外热式反应器

在反应过程中反应物料进行换热，换热介质来自反应体系以外。

3. 自热式反应器

反应过程中进行换热，换热介质为反应前的低温反应原料。

六、按组合方式分类

化学工业中也经常使用各种不同组合方式的多个反应器来进行一个化学反应，例如使用多个搅拌罐反应器。

1. 串联

串联（级联）是多个连续运行的搅拌罐反应器依次排列（图1-8）。第1个反应器的最终产物是第 2 个反应器的起始混合物，第 2 个反应器的最终产物是第 3 个反应器的起始混合物，以此类推。化学反应分别在多个搅拌罐反应器中进行。

在下列情况下使用串联方式：

① 化学反应剧烈放热并且因放热的强度不同而造成温度不同，因而要在各个容器中调节不同的反应速率时。

② 在过程中间要将产生的干扰性副产品排出时。

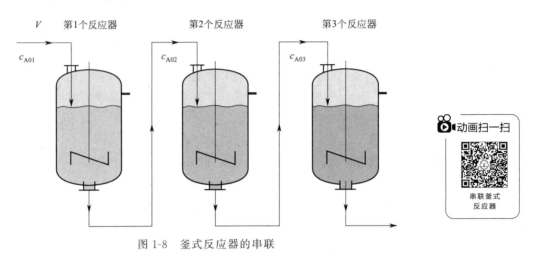

图 1-8 釜式反应器的串联

2. 并联

并联也称连排连接，是指在生产过程中将多个搅拌罐平行连接（图 1-9）。

例如，当各个反应器经常因堵塞发生故障时，便可采用并联方式。对故障反应器进行维修时，生产可在第二个反应器中继续进行。要按计划进行维修工作时也是如此。

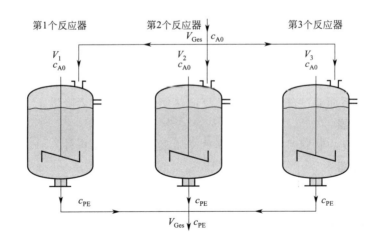

图 1-9 釜式反应器的并联

知识点二 反应器操作方式

化学反应器有三种操作方式：间歇（分批）式、连续式和半连续（半间歇）式。

一、间歇（分批）式操作

微课扫一扫

反应器操
作方式

间歇操作（batch operation）也称为分组操作、批量操作或批处理，操作时首先将反应所需物质同时或者先后放入反应容器中，通过搅拌器加以混合。反应混合物在整个反应时间内均留在反应容器中并被持续搅拌。同时，为了设置规定的反应温度，会进行加热或冷却。必要时施加压力或者负压（真空）。

反应时间结束后，排出容器内容物。内容物由真正的反应产物组成，而在不完全反应时则由未反应的原料、副产物、溶剂等组成。在这种情况下，必须再处理反应物，即分离其成分。

采用间歇操作的反应器几乎都是釜式反应器，其余类型极为罕见。间歇反应器适用于反应速率慢的化学反应以及产量小的化学品生产过程，对于那些批量少而产品的品种又多的企业尤为适宜，例如医药等精细化工往往就采用这种间歇操作的反应器。

1. 浓度变化

在搅拌釜反应器的反应过程中，反应器产物的浓度 $c(P)$ 增加，反应物的浓度 $c(A)$ 降低［图 1-10(a)］。由于反应物成分随时间而变化，这也被称为瞬态操作。

在假设的理想混合状态下，在反应过程中的某一时间点，搅拌釜中各处的浓度都大致相同［图 1-10(b)］。

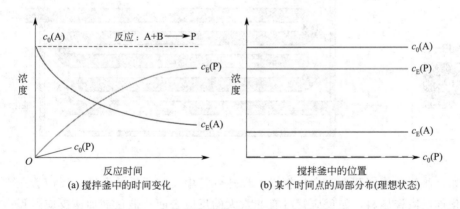

图 1-10 分批操作搅拌釜反应器中的浓度变化

在某些情况和条件下，搅拌釜反应器中的间歇操作适用于许多反应，是最经济的操作模式。

2. 间歇操作的优缺点

（1）间歇操作的优点

① 可少量生产（100kg 至数千千克），例如染料、食品和药物生产，或者用于实验目的。

② 可在同一搅拌釜反应器中通过连续的工序进行数种少量不同物质或规格的生产。这样可以保持较低的企业投资成本。

③ 可自由选择反应时长，例如在极慢的生化反应中。

④ 可生产泥状、黏稠和糊状物质。打开盖子，用铲子或者刮刀便可将此类物质从容器中取出。如果是在连续的反应管中，此类反应会引起管路堵塞，从而导致设备停机。

⑤ 在间歇操作运行时，可通过配方控制让搅拌釜反应器完全自动运行。

（2）间歇操作的缺点　间歇操作的主要缺点是产物数量大时成本较高。

① 材料处理量较大时，间歇操作的成本高于连续操作的设备，因为在进料、出料、加热或冷却过程中需要暂停生产。

② 由于每个批次的加热或冷却都会一并加热或冷却整个容器，因此能源成本较高。间歇操作时的能量利用率低于连续操作。

③ 与连续操作设备相比，非自动化、不连续操作的搅拌容器需要更多人力进行操作和监控。

二、连续式操作

1. 连续操作反应装置

连续操作反应装置通常进行反应时间相对较短、处理量大的反应。反应时间相当于在反应器中流动的时间。

管式反应器通常由一个多次盘绕的长管组成，如此便可将长管段置于紧凑的壳体中（图 1-11）。

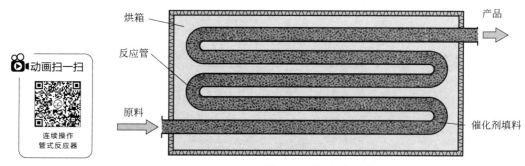

图 1-11　管式反应器

例如，将反应管安装在一个烘箱中，以达到管中反应所需的温度。反应管通常填充有涂有催化剂的陶瓷填料，使反应管具有非常大的反应表面。催化剂加速反应过程。反应混合物以多次折返的路径流经填料床，通过填料空隙，被分散、聚集、搅动，然后与催化剂表面多次接触，同时，原料相互反应。

管式反应器中最常见的是气-气反应，较少见的是液-液反应。管段短则反应时间短。为了实现更长的反应时间，会设计很长的管段。例如，在进行铝土分解以提取氧化铝 Al_2O_3（生产铝的原材料）时，反应器的管长约为 4500m，并且被套管加热装置包覆；管式反应器中的停留时间（流动时间）约为 1h。

2. 连续操作的特点

这种操作方式的特征是连续地将原料输入反应器，反应产物也连续地从反应器流出，采用连续操作的反应器称为连续反应器或流动反应器。前面所述的各类反应器都可采用连续操作。对于工业生产中某些类型的反应器，连续操作是唯一可采用的操作方式。连续操作的反应器多属于定态操作，此时反应器内任何部位的物系参数，如浓度及反应温度等均不随时间而改变，但随位置而改变。

连续操作时，反应物连续不断地进入管状的反应装置，流经反应管，发生反应生成产物，再与未反应的原材料和副产物一起连续流出。

（1）浓度变化　在稳态连续操作中，管式反应器中的某处始终只有成分相同的反应物和反应产物［图 1-12（a）］。例如，在反应器出口，不断有恒定成分的反应物离开反应器。

沿着整段管路，反应物的组成从起始混合物变为最终产物［图 1-12（b）］。

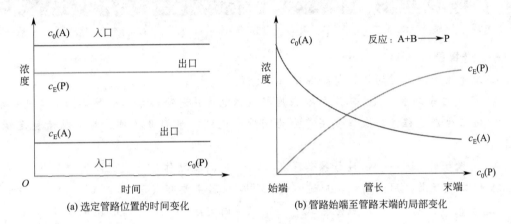

(a) 选定管路位置的时间变化　　(b) 管路始端至管路末端的局部变化

图 1-12　管式反应器中浓度的变化

（2）连续操作的优点

① 连续操作是较大处理量时最具成本效益的操作方式。

② 可提供一致的产品质量并具有较高的操作安全性。

③ 可在很大程度上实现自动化，因此操作设备所需的人力比间歇操作少。

④ 系统是封闭的，因此设备中的任何物质都不会进入环境中，对于有毒和对环境有害的物质尤为重要。

（3）连续操作的缺点

① 小型设备系统的生产成本不够低廉，只有设备处理量较大时方可实现低成本生产。

② 连续操作的设备灵活性较低，因为其最小处理量和最大处理量之间的范围很小，且只有在该范围内方可实现低成本生产。

③ 管路堵塞或泄漏等运行故障可能造成整个设备停机并导致大规模停产。

④ 为了避免运行故障，易发生故障的设备部件应是双重设计并通过旁路作为备用，同时将收集容器规划为设备中的缓冲区。因此，连续操作设备需要较高的投资成本。

三、半连续（半间歇）式操作

原料与产物只要其中的一种为连续输入或输出而其余则为分批加入或卸出的操

作，均属半连续操作，相应的反应器称为半连续反应器或半间歇反应器。由此可见，半连续操作具有连续操作和间歇操作的某些特征。有连续流动的物料，这点与连续操作相似；也有分批加入或卸出的物料，因而生产是间歇的，这反映了间歇操作的特点。由于这些原因，半连续反应器的反应物系组成必然既随时间而改变，也随反应器内的位置而改变。管式、釜式、塔式以及固定床反应器都可采用半连续操作方式。

 学习检测

一、选择题

1. 工业生产中常用的热源与冷源是（　　　）。

A. 蒸汽与冷却水　　B. 蒸汽与冷冻盐水　C. 电加热与冷却水　D. 导热油与冷冻盐水

2. 化工生产过程按其操作方法可分为间歇、连续、半间歇操作。其中属于稳定操作的是（　　）。

A. 间歇操作　　　　B. 连续操作　　　　C. 半间歇操作　　　D. 以上都不是

3. 化工生产上，用于均相反应过程的化学反应器主要有（　　　）。

A. 管式　　　　　B. 鼓泡塔式　　　　C. 固定床　　　　D. 流化床

4. 化学反应器的分类方法很多，按（　　　）的不同可分为管式、釜式、塔式、固定床、流化床等。

A. 聚集状态　　　　B. 换热条件　　　　C. 结构　　　　　D. 操作方式

二、填空题

1. 按流体流动及混合形式反应器可以分为三种类型，即_____、_____、_____。

2. 返混专指_____进入反应器的物料之间的混合。

3. 说明下列反应器中的返混情况：

间歇反应器中返混为_____；

理想置换反应器中返混为_____；

理想混合反应器中返混为_____；

非理想流动反应器中返混为_____。

4. 返混带来的最大影响是_____。

5. 返混对反应来说是有害的，必须采取各种措施进行抑制。降低返混程度的主要措施是_____，通常有_____和_____两种，其中重要的是_____。

6. 连续搅拌釜式反应器为减少返混，工业上常采用_____的操作。

三、简答题

1. 简述反应器按结构形式不同而进行的分类。

2. 化学反应器的操作方式有哪几种？各自有什么特点？

3. 说明平推流反应器的特点。

4. 说明全混流反应器的特点。

微反应器——为传统化工搭建"桌面工厂"

在现代社会中，全人类的衣食住行都与化工制品息息相关，为了满足人类对化工制品不断增长的需求，全球化工厂的数量不断增加，规模也不断增大。提起化工厂，人们就会想到庞大的储罐、耸立的高塔和烟囱。科学家除了不断完善这样的庞然大物之外，还在打造化工生产的袖珍王国。

从20世纪90年代开始，化工科学家就在实验室的微米通道内进行化工过程的研究，开启了实现"桌面工厂"的梦想之旅。如今，在现代加工技术的促进下，各式各样的微加工技术已经较为成熟，一些微反应器、微混合器、微换热器，小到可以放在手心中。按照化工过程的基本原理将各种微化工设备按照串并联方式组合就构成了完整的微化工系统。

在微小空间内，能否完成大规模的物质转化和加工？科学家发现在微尺度条件下，反应体系内的液滴和气泡都变得很小，能够极大地提高接触的面积，缩短传输的距离，因此物质的混合和传递效率可以成百上千倍地增加，从而大幅度提高物质转化的效率，这也就为小设备大产能的实现提供了科学基础。

当然对于大宗化学品的生产而言，化学工程师还需要解决微型设备放大设计和系统集成的问题。微化工设备的放大采用的是与集成电路设计类似的数量放大方式，简单来讲就是将许多的微通道并联在一起运行。在科学家和工程师的共同努力下，目前单台微化工设备的年产能已经可以达5万吨/年。在粉体和磷酸等化工产业实现了少量的工业应用。

微化工技术作为桌面工厂梦想之旅的核心，目前还处于实验室开发阶段，要实现微化工技术的大规模产业应用，还有大量的基础研究要做，需要不断深入揭示微尺度条件下的科学规律，发展微结构设计、系统集成和优化等方法，开发针对微尺度条件下的新工艺和新过程，以满足化工体系复杂性的要求。

微型化提高了工作效率、降低了生产成本、缩短了研发周期、更改变了人类对于科技发展的认识。沿着微化工的发展思路，在不久的将来，这种基于微化工技术、功能高度集成、体积大幅缩小、高度智能和自动化的现代化工基地，将会成为现实。为我们创造出更加美好的生活。

项目二

釜式反应器操作与控制

　　釜式反应器结构简单，加工方便，传质效率高，温度分布均匀，操作条件（如温度、浓度、停留时间等）的可控范围较广，操作灵活性大，便于更换品种，能适应多样化的生产，应用广泛。希望通过本项目的学习，学生可以了解釜式反应器各部分的结构及作用，能够操作和控制釜式反应器，能够对设备进行简单的维护与维修，能够根据现象判断事故并进行处理。

▶ 任务一　认识釜式反应器

任务目标

① 了解釜式反应器的基本结构；
② 能根据生产情况选择合适的搅拌器；
③ 了解搅拌设备内液体的流动特性；
④ 熟悉换热装置中常用的冷源及热源；
⑤ 能认识釜式反应器各部件；
⑥ 熟悉釜式反应器各部件的作用。

任务指导

　　化工过程的各种化学变化，是以参加反应的物质的充分混合以及维持适宜的反应温度等工艺条件为前提的。就釜式反应器而言，达到充分混合的条件是对反应混合物进行充分搅拌，满足适宜的反应温度的根本途径是良好的传热等。釜式反应器配套设施主要是搅拌器、换热装置、各种工艺配管等，它们都是保障釜式反应器正常工作的重要设施。

知识链接

一种低高径比（H/D 一般小于 3）的圆筒形反应器，称为釜式反应器。

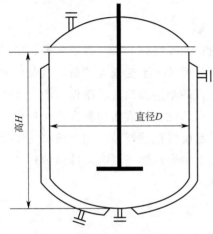

图 2-1 釜式反应器示意图

釜式反应器又称反应釜。习惯上，又把高径比较小、直径较大（$D>2m$）的非标准型的圆筒反应器称为槽式反应器。图 2-1 为釜式反应器示意图。

釜式反应器内常设有搅拌装置（机械搅拌、气流搅拌等）。在高径比较大时，可用多层搅拌桨叶。反应过程往往涉及物料传热，因而釜式反应器常带传热装置，如釜壁外设置夹套，或在釜内设置换热面，或通过外循环进行换热。釜式反应器实物见图 2-2。

搅拌釜式反应器主要由釜体、传热装置、搅拌装置、传动装置、轴封装置及各种工艺接管等组成。搅拌釜式反应器的基本结构如图 2-3 所示。

图 2-2 釜式反应器实物

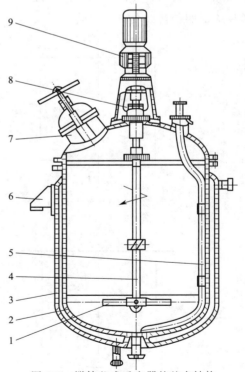

图 2-3 搅拌釜式反应器的基本结构
1—搅拌器；2—釜体；3—夹套；4—搅拌轴；5—压料管；
6—支座；7—人孔；8—轴封；9—传动装置

知识点一 釜 体

釜体是反应釜的外廓部分，由上封头、简体和釜底组成。

一、上封头

上封头又称上盖。如同盖子一样，上封头通过法兰连接或焊死的方式与简体的上端口相连。上封头上一般开有人孔、手孔、视镜和一些工艺管道的接口等。

二、简体

简体外形呈圆筒状，是物料混合、反应的主要场所。制作简体的材料有很多种，常见的有铸铁、钢材、搪瓷等。铸铁有较高的耐磨性和机械强度，可承受较大负荷，且制作成本较低，但塑性和韧性较低，耐腐蚀性差。钢材具有良好的塑性和韧性，制作简单，造价低，但耐腐蚀性差，容器钢有良好的高温强度和一定的耐腐蚀性，表面易抛光，是制作简体应用最广泛的一种材料。搪瓷制作的简体最大的特点是耐腐蚀性好，应用于精细化工生产中的卤化反应和有各种腐蚀性强的酸参与的反应。对于耐腐蚀性一般的简体可内衬内表搪瓷、衬瓷板和橡胶等抗腐蚀性材质以提高其耐腐蚀性。

三、釜底

釜底又称下封头，和简体下端口相连。釜底的形状比较多，常见的有平面形、碟形、椭圆形和球形四种，如图 2-4 所示。

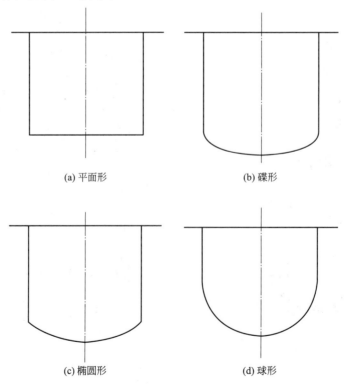

(a) 平面形   (b) 碟形

(c) 椭圆形   (d) 球形

图 2-4　几种常见釜底形状

1. 平面形

造价低，结构简单，但抗压性低，适用于常压或压力不大的场合。

2. 碟形

抗压能力稍强，适用于中低压的场合。

3. 椭圆形

抗压能力强，适用于高中压的场合。

4. 球形

造价高，但抗压能力强，多用于高压反应釜。

另外，还有锥形釜底，这种釜底的反应釜可处理需要分层的产物。

知识点二　搅拌装置

搅拌装置由搅拌动力源和搅拌轴组成，常用的搅拌动力源是电动机，另外还有气动机和磁力搅拌机等。搅拌装置是釜式反应器中的关键设备，其根本目的是加强釜式反应器内物料的均匀混合，以强化传热和传质。

例如：在液-液相反应体系中，搅拌装置把不互溶的两种液体混合起来，使其中的一相液体以微小的液滴均匀分散到另一相体系中；在气-液相体系中，搅拌装置把气相中的大气泡打碎成微小气泡，并使它们均匀分散到液相中。另外，搅拌器在物料传热方面也起到至关重要的作用。在化学反应体系中，搅拌器通过加速搅拌，增强流体的湍流程度，以加快传热。

反应搅拌器如不能使物料混合均匀，可能会导致某些副反应的发生，使产品质量恶化，收率下降。另外，不良的搅拌还可能造成生产事故。如某些硝化反应，如果搅拌效果不好，可能使某些反应区域的反应非常剧烈，严重时会发生爆炸。由于搅拌的存在，搅拌釜式反应器物料侧的传热系数增大，因此搅拌对传热过程也有影响。

一、搅拌设备内液体的流动特性

搅拌器之所以能起到液-液、气-液、固-液分散等搅拌效果，主要在于搅拌器的混合作用。

搅拌器运转时，叶轮把能量传给它周围的液体，使这些液体以很高的速度运动起来，产生强烈的剪切作用。在这种剪应力的作用下，静止或低速运动的液体也跟着以很高的速度运动起来，从而带动所有液体在设备范围内流动。这种设备范围内的循环流动称为宏观流动，由此造成的设备范围内的扩散混合作用称为主体对流扩散。

微课扫一扫

搅拌设备内液体流动特性及搅拌附件

高速旋转的漩涡对它周围的液体造成强烈的剪切作用，从而产生更多的漩涡。众多的漩涡一方面把更多的液体夹带到做宏观流动的主体液流中去，另一方面形成局部范围内液体快速而紊乱的对流运动，即局部的湍流流动。这种局部范围内的漩涡运动称为微观流动，由此造成的局部范围内的扩散混合作用称为涡流对流扩散。

搅拌设备里不仅存在主体对流扩散和涡流对流扩散，还存在分子扩散，其强弱程度依次减小。实际的混合作用是上述三种扩散作用的综合。但从混合的范围和混合的均匀程度来看，三种扩散作用对实际混合过程的贡献是不同的。主体对流扩散只能把物料破碎分裂成微团，并把这些微团在设备范围内分布均匀。而通过微团之间的涡流对流扩散，可以把微团的尺寸降低到漩涡本身的大小。搅拌越剧烈，涡流运动就越强烈，湍流程度就越大，分散程度就越高，即漩涡的尺寸就越小。在通常的搅拌条件下，漩涡的最小尺寸为几十微米。然而，这种最小的漩涡也比分子大得多。因此，主体对流扩散和涡流对流扩散都不能达到分子水平上的完全均匀混合。分子水平上的完全均匀混合程度只有通过分子扩散才能达到。在设备范围内呈微团均匀分布的混合过程称为宏观混合，达到分子规模分布均匀的混合称为微观混合。可见，主体对流扩散和涡流对流扩散只能进行宏观混合，只有分子扩散才能进行微观混合。但是，漩涡运动不断更新微团的表面，大大增加了分子扩散的表面积，减小了分子扩散的距离，因此提高了微观混合速率。

不同的搅拌过程对宏观混合和微观混合的要求是不同的。某些化学反应过程要求达到微观混合，否则就不可避免地发生反应物的局部浓集，其后果是对主反应不利，选择性降低，收率下降。对于液-液分散或固-液分散，不存在相间的分子扩散，只能达到宏观混合，并依靠漩涡的湍流运动减小微团的尺寸。而对于均相液体的混合，由于分子扩散速率很快，混合速率受宏观混合控制，应设法提高宏观混合速率。

液体在设备范围内做循环流动的途径称作液体的流动模型，简称流型。在搅拌设备中起主要作用的是循环流和涡流，不同的搅拌器所产生的循环流的方向和涡流的程度不同，因此搅拌设备内流体的流型可以归纳成以下三种。

1. 轴向流

物料沿搅拌轴的方向循环流动，如图 2-5（a）所示。凡是叶轮与旋转平面的夹角小于90°的搅拌器转速较快时所产生的流型主要是轴向流。轴向流的循环速度大，有利于宏观混合，适合均相液体的混合、沉降速度低的固体悬浮。

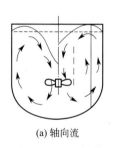

(a) 轴向流　　　　　(b) 径向流　　　　　(c) 切线流

图 2-5　搅拌液体的流型

2. 径向流

物料沿着反应釜的半径方向在搅拌器和反应釜内壁之间流动，如图 2-5（b）所示。径向流的液体剪切作用大，造成的局部涡流运动剧烈，因此它特别适合需要高剪切作用的搅拌过程，如气-液分散、液-液分散和固体溶解。

3. 切线流

物料围绕搅拌轴做圆周运动，如图 2-5（c）所示。平桨式搅拌器在转速不大且没有挡板时所产生的主要是切线流。切线流的存在除了可以提高反应釜内壁的对流传热系数外，对其他的搅拌过程是不利的。切线流严重时，液体在离心力的作用下涌向器壁，使器壁

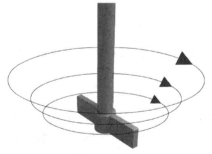

图 2-6　"打漩"现象

周围的液面上升，而中心部分液面下降，形成一个大漩涡，这种现象称为"打漩"，如图2-6所示。液体"打漩"时几乎不产生轴向混合作用，所以一般情况下应防止"打漩"。

这三种流型不是孤立的，常常同时存在两种或三种流型。

搅拌器应具有两方面的性能：①产生强大的液体循环流量；②产生强烈的剪切作用。

基本原则：在消耗同等功率的条件下，如果采用低转速、大直径的叶轮，可以增大液体循环流量，同时减少液体受到的剪切作用，有利于宏观混合；如果采用高转速、小直径的叶轮，结果恰恰相反。

二、常用搅拌器的类型、结构和特点

在化学工业中常用的搅拌装置是机械搅拌装置，它包括下列主要部分：

① 搅拌器，包括旋转的轴和装在轴上的叶轮；

② 辅助部件和附件，包括密封装置、减速箱、搅拌电机、支架、挡板和导流筒等。

微课扫一扫

搅拌装置的结构特点及搅拌器的选型

搅拌器是实现搅拌操作的主要部件，其主要的组成部分是叶轮，它随旋转轴运动将机械能施加给液体，并促使液体运动。针对不同的物料系统和不同的搅拌目的出现了许多类型的搅拌器。

搅拌装置的种类很多，常见的有桨式搅拌器、锚式搅拌器、推进式搅拌器、涡轮式搅拌器、螺带式搅拌器等。工业上较为常用的搅拌器类型如图2-7所示。

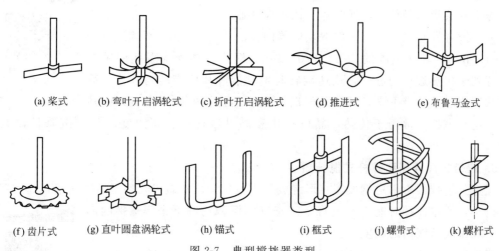

(a) 桨式　　(b) 弯叶开启涡轮式　　(c) 折叶开启涡轮式　　(d) 推进式　　(e) 布鲁马金式

(f) 齿片式　　(g) 直叶圆盘涡轮式　　(h) 锚式　　(i) 框式　　(j) 螺带式　　(k) 螺杆式

图 2-7　典型搅拌器类型

1. 桨式搅拌器

桨式搅拌器由桨叶、键、轴环、竖轴组成。桨叶一般用扁钢或角钢制造，当被搅拌物料对钢材腐蚀严重时可用不锈钢或有色金属制造，也可在钢制桨叶的外面包覆橡胶、环氧或酚醛树脂、玻璃钢等材质。桨式搅拌器的转速较低，一般为20～80r/min，圆周速度在1.5～3m/s范围内比较合适。桨式搅拌器直径取反应釜内径的1/3～2/3，桨叶不宜过长，因为搅拌器消耗的功率与桨叶直径的5次方成正比。当反应釜直径很大时采用两个或多个桨叶。

动画扫一扫

桨式搅拌器

桨式搅拌器适用于流动性大、黏度小的液体物料，也适用于纤维状和结晶状的溶解液，当液体物料层很深时可在轴上装置数排桨叶。

2. 涡轮式搅拌器

涡轮式搅拌器按照有无圆盘可分为圆盘涡轮搅拌器和开启涡轮搅拌器，按照叶轮又可分为直叶和弯叶两种。涡轮搅拌器速度较大，线速度约为 $3\sim 8m/s$，转速范围约为 $300\sim 600r/min$。

动画扫一扫

涡轮式
搅拌器

涡轮搅拌器的主要优点是当能量消耗不大时搅拌效率较高，搅拌产生很强的径向流。因此它适用于乳浊液、悬浮液等。

3. 推进式搅拌器

推进式搅拌器常用整体铸造，加工方便，搅拌器可用轴套以平键（或紧固螺钉）与轴固定。通常有两个搅拌叶：第一个桨叶安装在反应釜的上部，把液体或气体往下压；第二个桨叶安装在下部，把液体往上推。搅拌时能使物料在反应釜内循环流动，所起作用以容积循环为主，剪切作用较小，上下翻腾效果良好。当需要有更大的流速时，反应釜内设有导流筒。

动画扫一扫

推进式
搅拌器

推进式搅拌器直径约取反应釜内径的 $1/4\sim 1/3$，线速度可达 $5\sim 15m/s$，转速范围为 $300\sim 600r/min$，搅拌器的材料常用铸铁和铸钢。

4. 框式和锚式搅拌器

框式搅拌器可视为桨式搅拌器的变形，即将水平的桨叶与垂直的桨叶连成一体成为刚性的框子，其结构比较坚固，搅动物料量大。当这类搅拌器底部形状和反应釜下封头形状相似时，通常称为锚式搅拌器。

动画扫一扫

框式搅拌器

框式搅拌器直径较大，一般取反应器内径的 $2/3\sim 9/10$，线速度约为 $0.5\sim 1.5m/s$，转速范围约为 $50\sim 70r/min$。框式搅拌器与釜壁间隙较小，有利于传热过程的进行，快速旋转时搅拌器叶片所带动的液体把静止层从反应釜壁上带下来，慢速旋转时有刮板的搅拌器能产生良好的热传导。这类搅拌器常用于传热，晶析操作和高黏度液体、高浓度淤浆和沉降性淤浆的搅拌。

5. 螺带式搅拌器和螺杆式搅拌器

螺带式搅拌器常用扁钢按螺旋形绕成，直径较大，常做成几条紧贴釜内壁，与釜壁的间隙很小，所以搅拌时能不断地将黏于釜壁的沉积物刮下来。螺带的高度通常取罐底至液面的高度。

动画扫一扫

螺带式搅拌器

螺带式搅拌器和螺杆式搅拌器的转速都较低，通常不超过 $50r/min$，产生以上下循环流为主的流动，主要用于高黏度液体的搅拌。

几种类型的搅拌器的参数、应用范围如表 2-1 所示。

三、搅拌器的选型

搅拌器的选型主要根据物料性质、搅拌目的及各种搅拌器的性能特征来进行。

1. 按物料黏度选型

在影响搅拌状态的诸物理性质中，液体黏度的影响最大，所以可根据液体黏度来选型。对于低黏度液体，应选用小直径、高转速搅拌器，如推进式、涡轮式；对于高黏度液体，应选用大直径、低转速搅拌器，如锚式、框式和桨式。图 2-8 表明了几种典型的搅拌器随黏度的高低而有不同的使用范围。

表 2-1 搅拌器的类型、参数、应用范围

类型	参数、应用范围	类型	参数、应用范围
锚式搅拌器	缓慢旋转的近壁搅拌器，拥有容器的内部轮廓。搅拌器和容器壁之间有狭窄间隙。 有良好的导热性 $d_1/d_2=0.9\sim0.95$ $v=0.5\sim5\text{m/s}$ 通过加热或者冷却混合	直叶圆盘搅拌器	搅拌器拥有强烈的径向流出和循环效果。 $d_1/d_2=0.2\sim0.35$ $v=3\sim6\text{m/s}$ 混合、悬浮、加气
框式搅拌器	有网格的特殊形式的锚式搅拌器。改进了容器内部的搅拌效果。 慢慢搅拌，近壁。 层流混合流动。 $d_1/d_2=0.9$ $v=0.5\sim5\text{m/s}$ 通过加热或者冷却混合	斜叶搅拌器	搅拌器拥有径向和轴向流出，循环效果强。 $d_1/d_2=0.2\sim0.5$ $v=3\sim10\text{m/s}$ 混合、悬浮、均质
螺旋搅拌器	缓慢旋转的搅拌器，适用于高黏性液体，有良好的轴向循环。 $d_1/d_2=0.9\sim0.95$ $v=0.5\sim1\text{m/s}$ 混合高黏性介质	多级脉冲逆流搅拌器（MIG 搅拌器）	配有多个搅拌元件的搅拌器。它由一个内片和外片组成，叶片位置相反。上下方向轴向流动。 $d_1/d_2=0.5\sim0.7$ $v=1.5\sim8\text{m/s}$ 通过加热或者冷却混合、悬浮、均质
桨式搅拌器	简单、缓慢旋转的搅拌器，拥有低至中等搅拌效果，适用于中等至高黏性液体。 $d_1/d_2=0.6\sim0.8$ v 最大至 8m/s 混合	旋桨式搅拌器	高速搅拌器，轴向流出效果强，循环效果强。 $d_1/d_2=0.1\sim0.5$ $v=2\sim15\text{m/s}$ 均质、悬浮
叶轮搅拌器	高速搅拌器，配有向后弯曲的叶片，适用于中低黏性的流体。 $d_1/d_2=0.4\sim0.7$ $v=4\sim12\text{m/s}$ 混合，悬浮	齿形圆盘搅拌器	主要轴向流出的高速搅拌器。 $d_1/d_2=0.2\sim0.5$ $v=10\sim30\text{m/s}$ 有粉碎（分散）作用的均质、加气、悬浮

注：d_1 为搅拌器直径；d_2 为容器直径；v 为搅拌器圆周速率。

2. 按搅拌目的选型

搅拌目的、工艺过程对搅拌的要求是选型的关键。

对于低黏度均相液体混合，要求达到微观混合程度，已知均相液体的分子扩散速率很快，控制因素是宏观混合速率，亦即循环流量。各种搅拌器的循环流量按从大到小的顺序排列：推进式、涡轮式、桨式。因此，应优先选择推进式搅拌器。

对于非均相液-液分散过程，要求被分散的"微团"越小越好，以增大两相接触面积；还要求液体涡流湍动剧烈，以降低两相传质阻力。因此，该类过程

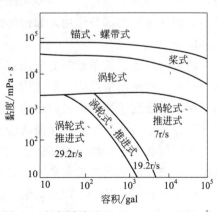

图 2-8 根据黏度选型（$1\text{gal}=0.00455\text{m}^3$）

的控制因素为剪切作用，同时也要求有较大的循环流量。各种搅拌器的剪切作用按从大到小的顺序排列：涡轮式、推进式、桨式。所以，应优先选择涡轮式搅拌器。特别是直叶涡轮搅拌器，其剪切作用比折叶和弯叶涡轮搅拌器都大，且循环流量也较大，更适合液-液分散过程。

对于气-液分散过程，要求得到高分散度的"气泡"。从这一点来说，与液-液分散相似，控制因素为剪切作用，其次是循环流量。所以，可优先选择涡轮式搅拌器。但气体的密度远远小于液体，一般情况下气体由液相的底部导入，如何使导入的气体均匀分散，不出现短路跑空现象，就显得非常重要。开启式涡轮搅拌器由于无中间圆盘，极易使气体分散不均，导入的气体容易从涡轮中心沿轴向跑空。而圆盘式涡轮搅拌器由于圆盘的阻碍作用，圆盘下面可以积存一些气体，使气体分散很均匀，也不会出现气体跑空现象。因此，直叶圆盘涡轮搅拌器最适合气-液分散过程。

对于固体悬浮操作，必须让固体颗粒均匀悬浮于液体之中，主要控制因素是总体循环流量。但固体悬浮操作情况复杂，要具体分析。如固液密度差小、固体颗粒不易沉降的固体悬浮，应优先选择推进式搅拌器。当固液密度差大、固体颗粒沉降速度大时，应选用开启式涡轮搅拌器。因为推进式搅拌器会把固体颗粒推向釜底，不易浮起来，而开启式涡轮搅拌器可以把固体颗粒抬举起来。在釜底呈锥形或半圆形时更应注意选用开启式涡轮搅拌器。当固体颗粒对叶轮的腐蚀性较大时，应选用开启弯叶涡轮搅拌器。因弯叶既可减少叶轮的磨损，还可降低功率消耗。

对于固体溶解，除了要有较大的循环流量外，还要有较强的剪切作用，以促使固体溶解。因此，开启式涡轮搅拌器最适合。在实际生产中，对一些易溶的块状固体则常用桨式或框式等搅拌器。

对于结晶过程，往往需要控制晶体的形状和大小。对于微粒结晶，要求有较强的剪切作用和较大的循环流量，所以应选择涡轮式搅拌器。对于粒度较大的结晶，只要求有一定的循环流量和较低的剪切作用，因此可选择桨式搅拌器。

对于以传热为主的搅拌操作，控制因素为总体循环流量和换热面上的高速流动。因此，可选用涡轮式搅拌器。

四、搅拌附件

搅拌附件通常指在搅拌罐内为了改善流动状态而增设的零件，如挡板、导流筒等。有时，搅拌罐内的某些零件不是专为改变流动状态而设的，但因为其对液流也有一定阻力，也会起到这方面的部分作用，如传热蛇管、温度计套管等。

1. 挡板

挡板一般是指长条形的竖向固定在罐壁上的板，主要是在湍流状态时为了消除切线流和"打漩"现象而增设的。做圆周运动的液体碰到挡板后改变90°方向，或顺着挡板做轴向运动，或垂直于挡板做径向运动。因此，挡板可把切线流转变为轴向流和径向流，提高宏观混合速率和剪切性能，从而改善搅拌效果。

在层流状态下，挡板并不影响流体的流动，所以对于低速搅拌高黏度液体的锚式和框式搅拌器来说，安装挡板是毫无意义的。

挡板的数量及其大小以及安装方式都不是随意的，它们都会影响流型和动力消耗。挡板宽度 W 为 $(1/10 \sim 1/12)d_t$（d_t 为反应釜内径），挡板的数量在小直径罐时用 $2 \sim 4$ 个，

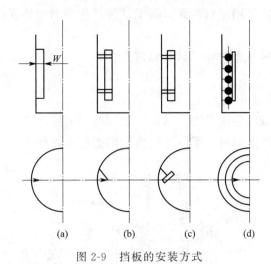

图 2-9 挡板的安装方式

在大直径罐时用 4～8 个,以 4 个或 6 个居多。挡板沿罐壁周围均匀分布地直立安装。挡板的安装方式如图 2-9 所示。

低黏度液体时挡板可紧贴罐壁,且与液体环向流成直角,如图 2-9(a)所示。当黏度较高,如 7～10Pa·s,或固-液相操作时,挡板要离壁安装,如图 2-9(b)所示。当黏度更高时,还可将挡板倾斜一个角度,如图 2-9(c)所示,以有效防止黏滞液体在挡板处形成死角及防止固体颗粒的堆积。当罐内有传热蛇管时,挡板一般安装在蛇管内侧,如图 2-9(d)所示。

2. 导流筒

导流筒主要用于推进式、螺杆式搅拌器的导流,涡轮式搅拌器有时也用导流筒。导流筒是一个圆筒形,紧包围着叶轮。应用导流筒可使流型得以严格控制,还可得到高速涡流和高倍循环。导流筒可以为液体限定一个流动路线以防止短路,也可迫使流体高速流过加热面以利于传热。对于混合和分散过程,导流筒也能起到强化作用。

对于涡轮式搅拌器,导流筒安置在叶轮的上方,使叶轮上方的轴向流得到加强,如图 2-10(a)所示。对于推进式搅拌器,导流筒安置在叶轮的外面,使推进式搅拌器所产生的轴向流得到进一步加强,如图 2-10(b)所示。生产中常用的导流筒见图 2-10(c)。

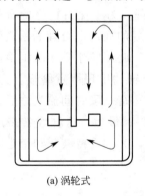
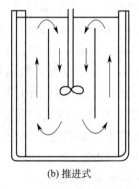

(a) 涡轮式　　　　　　　(b) 推进式　　　　　　　(c) 实物图

图 2-10 导流筒的安装方式

知识点三 密封装置

化工生产中常伴有高温、高压甚至是有毒、易燃的反应。反应釜作为釜式反应的反应场所,必须防止因设备的跑、冒、滴、漏等问题所带来的对环境的污染或对生产者的人身伤害。为了防止以上问题出现,必须对反应器进行合理的密封。

密封装置按照密封面间有无相对运动可分为静密封和动密封两大类,静密封的密封面间是相对静止的,连接在一起的两部件无运动。例如反应釜的封头与筒体之间的连接处的密封,封头上的附件如人孔、手孔、视镜等与封头之间的密封处都属于静密封。动密封的密封面间有相对运动,在反应釜中主要指反应釜的釜体与转动的搅拌轴之间的密封。为了

微课扫一扫

釜式反应器的传动与密封

防止物料从搅拌轴与釜体之间的间隙处泄漏，须采用密封装置，属于这种结构的密封装置称为搅拌轴密封装置，简称轴封。

密封装置按密封的原理和方法不同，分为填料密封和机械密封两类。

一、填料密封

填料密封是一种传统的压盖密封。它靠压盖产生压紧力，从而压紧填料，迫使填料压紧在密封表面（轴的外表面和密封腔）上。其产生密封效果的径向力，因而起密封作用。

填料密封的结构包括填料腔、填料环、填料压盖、长扣双头螺栓和螺母等。填料密封的结构如图 2-11 所示。填料装入填料箱以后，经压盖螺母对它做轴向压缩，当轴与填料有相对运动时，由于填料的塑性，使它产生径向力，并与轴紧密接触。与此同时，填料中浸渍的润滑剂被挤出，在接触面之间形成油膜。由于接触状态并不是特别均匀的，接触部位便出现"边界润滑"状态，称为"轴承效应"，而未接触的凹部形成小油槽，有较厚的油膜，接触部位与非接触部位组成一道不规则的迷宫，起阻

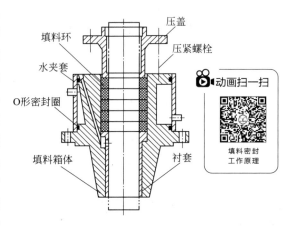

图 2-11　填料密封的结构

止液流泄漏的作用，此称"迷宫效应"。这就是填料密封的机理。为了保持良好的密封效果，需要不断地向密封间提供良好的润滑以及合适的压紧。良好的润滑和合理的松紧度使接触面间的液膜不被中断，维持"轴承效应"和"迷宫效应"。如果润滑不良或压得过紧都会使油膜中断，造成填料与轴之间出现干摩擦，最后导致烧轴和出现严重磨损。为此，需要经常对填料的压紧程度进行调整，以便填料中的润滑剂在运行一段时间流失之后，再挤出些润滑剂，同时补偿填料因体积变化所造成的压紧力松弛。显然，这样经常挤压填料，最终将使浸渍剂枯竭，所以定期更换填料是必要的。此外，为了维持液膜和带走摩擦热，有意让填料处有少量泄漏也是必要的。

为了更好地密封，密封中所用的填料必须符合一定的要求：

① 有一定的弹性。在压紧力作用下能产生一定的径向力并紧密与轴接触。

② 有足够的化学稳定性。不污染介质，填料不被介质泡胀，填料中的浸渍剂不被介质溶解，填料本身不腐蚀密封面。

③ 自润滑性能良好。耐磨、摩擦系数小。

④ 轴存在少量偏心的，填料应有足够的浮动弹性。

⑤ 制造简单，装填方便。

常见的填料有膨胀石墨填料、增强石墨填料、石墨填料、芳纶纤维填料、聚四氟乙烯填料、石墨-聚四氟乙烯填料等。

二、机械密封

机械密封又称端面密封（见图 2-12），是釜式反应器中应用最广泛的一种密封装置。

机械密封主要由动环、静环、辅助密封圈、弹簧加荷装置（弹簧、螺栓、螺母、弹簧座等）组成。

在弹簧的压紧力作用下，动环的端面紧贴静环端面。当轴转动时，动环、弹簧、弹簧座等部件跟着一起转动，而静环则固定在座架上静止不动，这样动环和静环的端面紧紧贴住，阻止了物料的泄漏。另外，介质被压到两端面间，形成一层极薄的液膜，也起到阻止物料泄漏的作用；同时液膜又使得端面得以润滑，获得长期密封

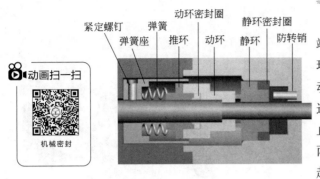

图 2-12 机械密封

效果。这就是机械密封的密封原理。

动环和静环是机械密封的主要密封件，在很大程度上决定了机械密封的使用性能和寿命，因此，对它们提出了一些要求：

① 有足够的强度和刚度。在工作条件下（如压力、温度和滑动速率等）不损坏，变形应尽量地小。工作条件波动时仍能保持密封性。

② 密封端面应有足够的硬度和耐腐蚀性，以保证工作条件下良好的使用寿命。

③ 密封环应有良好的耐热性。要求材料有较高的热导率和较小的线膨胀系数，承受热冲击时不至于开裂。

④ 应有较小的摩擦系数和良好的自润滑性。密封环匹配应有较小的摩擦系数和良好的自密封润滑性，密封环材料与密封流体还要有很好的浸润性。工作中如发生短时间的干摩擦，不损伤密封端面。

⑤ 应力求简单、对称并优先考虑用整体型结构，也可采用组合式（如镶装式）密封环，尽量避免用密封端面喷涂式结构。

⑥ 密封环要容易加工制造，安装和维修要方便，价格要低廉。

三、填料密封与机械密封的比较

填料密封结构简单、价格便宜、维修方便，但泄漏量大、功率损失大。另外填料密封的密封性能稍差，轴不允许有较大的径向跳动，功耗大，磨损轴，使用寿命短。填料密封适用于密封一般介质，如水；不适用于石油及化工介质，特别是不能用在贵重、易爆和有毒介质中。

机械密封密封性好，性能稳定，泄漏量少，摩擦功耗低，使用周期长，对轴磨损很小，能满足多种工况要求，在石化等部门广泛应用。但其机构复杂、制造精度高、价格较贵、维修不方便。机械密封适用于密封石油及化工介质，可用于各种不同黏度、强腐蚀性和含颗粒的介质。

知识点四　传动装置

反应釜需要电动机和传动装置来驱动，搅拌器传动装置一般安放在釜体的顶部，通常采用立式布置。传动作用是提供搅拌的动力。电动机的转速较高，通过减速机可将转速降至工艺要求的搅拌转速，再通过联轴器带动搅拌轴转动。传动装置如图 2-13 所示。

传动方式主要有带传动、齿轮传动（图 2-14），以及蜗杆传动。

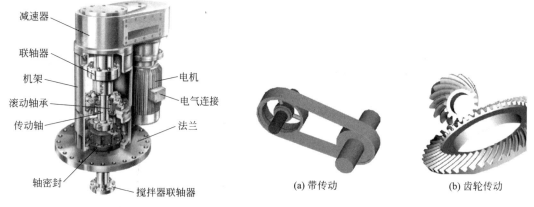

图 2-13　传动装置　　　　　　　　　　图 2-14　传动方式

（1）带传动　由主动带轮、从动带轮和紧套在两带轮上的传动带所组成，利用传动带把主动轴的运动和动力传递给从动轴。

（2）齿轮传动　由主动齿轮和从动齿轮组成，依靠轮齿的直接啮合而工作。

（3）蜗杆传动　由蜗杆和蜗轮组成，用于传递空间两交错轴之间的运动和动力，蜗杆主动，蜗轮从动。

减速器的作用是传递运动和改变转动速度，以满足工艺条件的要求。反应釜减速器常用的有摆线针轮行星减速器、齿轮减速器、V 带减速器以及圆柱蜗杆减速器。

知识点五　换热装置

微课扫一扫

釜式反应器
换热装置

换热装置是用来加热或冷却反应物料，使之符合工艺要求的温度条件的设备。其结构类型主要有夹套式、蛇管式、列管式、外部循环式等，也可用直接火焰或电感加热，如图 2-15 所示。

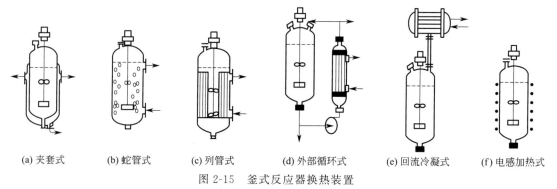

(a) 夹套式　　(b) 蛇管式　　(c) 列管式　　(d) 外部循环式　　(e) 回流冷凝式　　(f) 电感加热式

图 2-15　釜式反应器换热装置

一、夹套式

传热夹套一般由钢板焊接而成，它是套在反应器筒体外面能形成密封空间的容器，既简单又方便。夹套内通蒸汽时，其蒸汽压力一般不超过 0.6MPa。当反应器的直径大或者加热蒸汽压力较高时，夹套必须采取加强措施。图 2-16 为几种加强的夹套传热结构。

图 2-16 中，（a）为一种支撑短管加强的蜂窝夹套，可用 1MPa 的饱和水蒸气加热至 180℃；（b）为冲压式蜂窝夹套，可耐更高的压力；（c）和（d）为角钢焊在釜的外壁上的结构，耐压可达到 5～6MPa。

夹套与反应釜内壁的间距视反应釜直径的大小采用不同的数值，一般取 25～100mm。夹套的高度取决于传热面积，而传热面积由工艺要求确定。但须注意夹套高度一般应高于料液的高度，应比釜内液面高出 50～100mm，以保证充分传热。

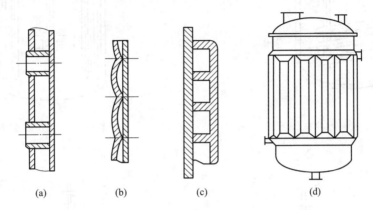

图 2-16　几种加强的夹套传热结构
（a）支撑短管加强的蜂窝夹套；（b）冲压式蜂窝夹套；（c）、（d）角钢焊在釜的外壁上

有时，对于较大型的搅拌釜，为了提高传热效果，在夹套空间装设螺旋导流板，如图 2-17 所示，以缩小夹套中流体的流通面积，提高流速并避免短路。螺旋导流板一般焊在釜壁上，与夹套壁有小于 3mm 的间隙。加设螺旋导流板后，夹套侧的传热膜系数一般可由 $500W/(m^2 \cdot K)$ 增大到 $1500～2000W/(m^2 \cdot K)$。

二、蛇管式

当工艺需要的传热面积大，单靠夹套传热不能满足要求时，或者反应器内壁衬有橡胶、瓷砖等非金属材料时，可采用蛇管（图 2-18）、插入套管、插入 D 形管等传热。

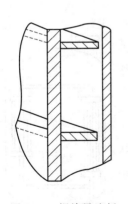

动画扫一扫

换热装置：
蛇管式

图 2-17　螺旋导流板　　　　图 2-18　蛇管传热

工业上常用的蛇管有两种：水平式蛇管，如图 2-19 所示；直立式蛇管，如图 2-20 所示。排列紧密的水平式蛇管能同时起到导流筒的作用，排列紧密的直立式蛇管可以同时起

到挡板的作用，它们对于改善流体的流动状况和搅拌的效果有积极的作用。

蛇管浸没在物料中，热量损失少，且由于蛇管内传热介质流速高，它的传热系数比夹套大得多。但对于含有固体颗粒的物料及黏稠的物料，容易引起物料堆积和挂料，影响传热效果。

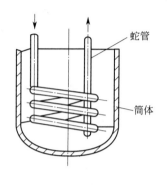

图 2-19　水平式蛇管

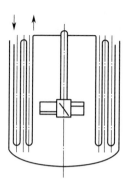

图 2-20　直立式蛇管

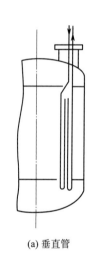
(a) 垂直管

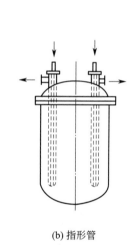
(b) 指形管

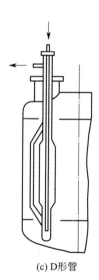
(c) D形管

图 2-21　几种插入式传热构件

工业上常用的几种插入式传热构件如图 2-21 所示。图中，(a)为垂直管，(b)为指形管，(c)为 D 形管。这些插入式结构适用于反应物料容易在传热壁上结垢的场合，检修、除垢都比较方便。

三、列管式

对于大型反应釜，需高速传热时，可在釜内安装列管式换热器，如图 2-22 所示。它的主要优点是单位体积所具有的传热面积大，传热效果好，结构简单，操作弹性较大。

四、外部循环式

当反应器的夹套和蛇管传热面积仍不能满足工艺要求，或由

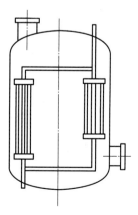

图 2-22　内装列管
的反应釜

于工艺的特殊要求无法在反应器内安装蛇管而夹套的传热面积又不能满足工艺要求时，可以通过泵将反应器内的料液抽出，经过外部换热器换热后再循环回反应器中。

五、回流冷凝式

当反应在沸腾温度下进行且反应热效应很大时，可以采用回流冷凝法进行换热，即使反应器内产生的蒸气通过外部的冷凝器加以冷凝，冷凝液返回反应器中。采用这种方法进行传热，由于蒸气在冷凝器中以冷凝的方式散热，可以得到很高的传热系数。

知识点六　反应釜内介质的选择

一、高温热源的选择

用一般的低压饱和水蒸气加热时温度最高只能达 $150\sim160℃$，需要更高加热温度时则应考虑加热剂的选择问题。在化工厂常用的加热剂或加热方法如下。

微课扫一扫

釜式反应器的换热介质

1. 高压饱和水蒸气

其来源于高压蒸汽锅炉、利用反应热的废热锅炉或热电站的蒸汽透平。蒸汽压力可达数兆帕。用高压蒸汽作为热源的缺点是需高压管道输送蒸汽，其建设投资费用大，尤其是需远距离输送时热损失也大，很不经济。

2. 高压汽水混合物

当车间内有个别设备需高温加热时，设置一套专用的高压汽水混合物作为高温热源，可能是比较经济可行的。这种加热装置如图 2-23 所示，由焊在设备外壁上的高压蛇管（或内部蛇管）、空气冷却器、高压加热炉和安全阀等部分构成一个封闭的循环系统。管内充满 70% 的水和 30% 的蒸汽，形成汽水混合物。从加热炉到加热设备这一段管道内蒸汽比例高、水的比例低，而从冷却器返回加热炉这一段管道内蒸汽比例低、水的比例高，于是形成一个自然循环系统。循环速度的大小取决于加热设备与加热炉之间的高位差及汽水比例。

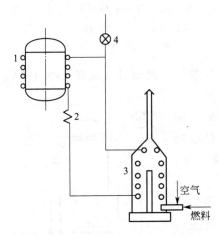

图 2-23　高压汽水混合物的加热装置
1—高压蛇管；2—空气冷却器；
3—高压加热炉；4—安全阀

这种高温加热装置适用于 $200\sim250℃$ 的加热要求。加热炉的燃料可用气体燃料或液体燃料，炉温达 $800\sim900℃$，炉内加热蛇管用耐温耐压合金钢管。

3. 有机载热体

利用某些有机物常压沸点高、熔点低、热稳定性好等特点可提供高温的热源，如联苯导生油，YD、SD 导热油等都是良好的高温载热体。联苯导生油是含联苯 26.5%、二苯醚 73.5% 的低共沸点混合物，熔点为 $12.3℃$，沸点为 $258℃$。它的突出优点是能在较低的压力下得到较高的加热温度。在同样的温度下，其饱和蒸气压力只有水蒸气压力的几十分之一。

当加热温度在 $250℃$ 以下时，可采用液体联苯混合物加热，可有三种加热方案。

① 液体联苯混合物自然循环加热法。如图 2-24 所示,加热设备与加热炉之间保持一定的高位差才能使液体有良好的自然循环。

② 液体联苯混合物强制循环加热法。采用屏蔽泵或者用液下泵、齿轮泵使液体强制循环。

③ 夹套内盛联苯混合物,将管式电热器插入液体内的加热法。应用于传热速率要求不太高的场合,如图 2-25 所示。

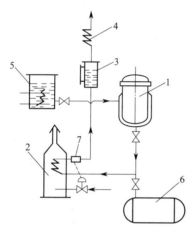

图 2-24 液体联苯混合物自然循环加热装置

1—被加热设备;2—加热炉;3—膨胀器;4—回流冷凝器;
5—熔化炉;6—事故槽;7—温度自控装置

图 2-25 管式电热装置

1—被加热设备;2—加热夹套;
3—管式电热器

当加热温度超过 250℃时,可采用联苯混合物的蒸气加热。根据其冷凝液回流方法的不同,也可分为自然循环与强制循环两种方案。自然循环法设备较简单,不需使用循环泵,但要求加热器与加热炉之间有一定的位差,以保证冷凝液的自然循环。位差的高低取决于循环系统阻力的大小,一般可取 3～5m。如厂房高度不够,可以适当放大循环液管径以减少阻力。

当受条件限制不能达到自然循环要求时,或者加热设备较多,操作中容易产生互相干扰等情况下,可用强制循环流程。

另一种较为简易的联苯混合物蒸气加热装置,是将蒸气发生器直接附设在加热设备上面。用电热棒加热液体联苯混合物,使其沸腾,产生蒸气,如图 2-26 所示。当加热温度小于 280℃、蒸气压力低于 0.07MPa 时,采用这种方法较为方便。

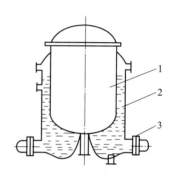

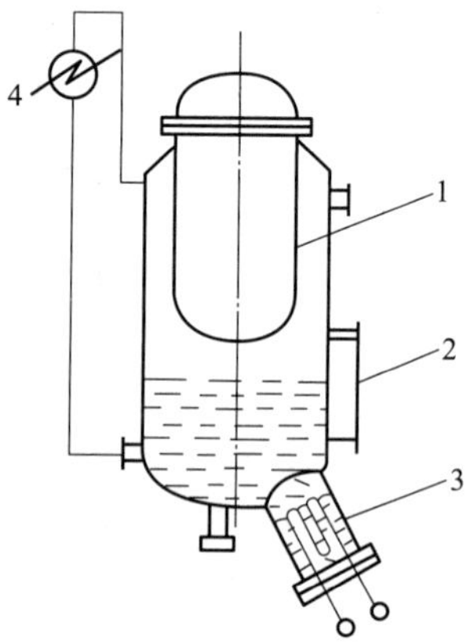

图 2-26 联苯混合物蒸气
加热装置

1—被加热设备;2—液面计;
3—电加热棒;4—回流冷凝器

4. 熔盐

反应温度在 300℃以上可用熔盐作载热体。熔盐的组成为:KNO_3 53%,$NaNO_3$ 7%,$NaNO_2$ 40%(质量分数,熔点 142℃)。

5. 电加热法

这是一种操作方便、热效率高、便于实现自控和遥控的高温加热方法。

常用的电加热方法可以分为以下三种类型。

（1）电阻加热法　电流透过电阻产生热量实现加热。可采用以下几种结构形式。

① 辐射加热。即把电阻丝暴露在空气中，借辐射和对流传热直接加热反应釜。此种形式只能适用于不易燃易爆的操作过程。

② 电阻夹布加热。将电阻丝夹在用玻璃纤维织成的布中，包扎在被加热设备的外壁。这样可以避免电阻丝暴露在大气中，从而减小引起火灾的危险性。但必须注意的是电阻夹布不允许被水浸湿，否则将引起漏电和短路的危险事故。

③ 插入式加热。将管式或棒状电热器插入被加热的介质中或夹套浴中实现加热（如图 2-25 和图 2-26 所示）。这种方法仅适用于小型设备的加热。

电阻加热可采用可控硅电压调节器自动调节加热温度，实现较为平稳的温度控制。

（2）感应电流加热　利用交流电路所引起的磁通量变化在被加热体中感应产生的涡流损耗变为热能。感应电流在加热体中透入的深度与设备的形状以及电流的频率有关。在化工生产中应用较方便的是普通的工业交流电产生感应电流加热，称为工频感应电流加热法，它适用于壁厚在 5～8mm 以上的圆筒形设备加热（高径比最好在 2～4），加热温度在 500℃ 以下。其优点是施工简便，无明火，在易燃易爆环境中使用比其他加热方式安全，升温快，温度分布均匀。

（3）短路电流加热　将低电压如 36V 的交流电直接通到被加热的设备上，利用短路电流产生的热量进行高温加热。这种电加热法适用于加热细长的反应器。

6. 烟道气加热法

用煤气、天然气、石油加工废气或燃料油等燃烧时产生的高温烟道气作热源加热设备，可用于 300℃ 以上的高温加热。缺点是热效率低，传热系数小，温度不易控制。

二、低温冷源的选择

1. 冷却用水

如河水、井水、城市水厂给水等，水温随地区和季节而变。深井水的水温较低而稳定，一般在 15～20℃。水的冷却效果好，也最为常用。随水的硬度不同，对换热后的水出口温度有一定限制，一般不宜超过 60℃，在不宜清洗的场合不宜超过 50℃，以免水垢迅速生成。

2. 空气

在缺乏水资源的地方可采用空气冷却。其主要缺点是传热系数低，需要的传热面积大。

3. 低温冷却剂

有些化工生产过程需要在较低的温度下进行，这种低温采用一般冷却方法难以达到，必须采用特殊的制冷装置进行人工制冷。

在制冷装置中一般多采用直接冷却方式，即利用制冷剂的蒸发直接冷却冷间内的空气，或直接冷却被冷却物体。制冷剂一般有液氨、液氮等。由于需要额外的机械能量，故成本较高。

在有些情况下则采用间接冷却方式，即被冷却对象的热量是通过中间介质传送给在蒸发器中蒸发的制冷剂。这种中间介质起着传送和分配冷量的媒介作用，称为载冷剂。常用的载冷剂有三类，即水、盐水及有机物载冷剂。

（1）水　比热容大，传热性能良好，价廉易得，但冰点高，仅能用作制取 0℃ 以上冷量的载冷剂。

（2）盐水　氯化钠及氯化钙等盐的水溶液，通常称为冷冻盐水。盐水的起始凝固温度随浓度而变，如表 2-2 所示。氯化钙盐水的共晶温度（-55.0℃）比氯化钠盐水低，可用于较低温度，故应用较广。氯化钠盐水无毒，传热性能较氯化钙盐水好。

表 2-2　冷冻盐水起始凝固温度与浓度的关系

相对密度 (15℃)	氯化钠盐水			氯化钙盐水		
	质量分数 /%	100kg 水加盐量 /kg	起始凝固温度 /℃	质量分数 /%	100kg 水加盐量 /kg	起始凝固温度 /℃
1.05	7.0	7.5	-4.4	5.9	6.3	-3.0
1.10	13.6	15.7	-9.8	11.5	13.0	-7.1
1.15	20.0	25.0	-16.6	16.8	20.2	-12.7
1.20	23.1	30.1	-21.2	—	—	—
1.175	—	—	—	21.9	28.0	-21.2
1.25	—	—	—	26.6	36.2	-34.4
1.286	—	—	—	29.9	42.7	-55.0

氯化钠盐水及氯化钙盐水均对金属材料有腐蚀性，使用时需加缓蚀剂重铬酸钠及氢氧化钠，以使盐水的 pH 值达 7.0～8.5，呈弱碱性。

（3）有机物载冷剂　有机物载冷剂适用于比较低的温度，常用的有如下几种。

① 乙二醇、丙二醇的水溶液。

a. 乙二醇无色无味，可全溶于水，对金属材料无腐蚀性。乙二醇水溶液使用温度可达-35℃（质量分数为 45%），但用于-10℃（35%）时效果最好。乙二醇黏度大，故传热性能较差，稍具毒性，不宜用于开式系统。

b. 丙二醇是极稳定的化合物，全溶于水，对金属材料无腐蚀性。丙二醇的水溶液无毒；黏度较大，传热性能较差。丙二醇的使用温度通常为-10℃或-10℃以上。

乙二醇和丙二醇溶液的凝固温度随其浓度而变，如表 2-3 所示。

表 2-3　乙二醇和丙二醇溶液的凝固温度与浓度的关系

体积分数/%		20	25	30	35	40	45	50
凝固温度/℃	乙二醇	-8.7	-12.0	-15.9	-20.0	-24.7	-30.0	-35.9
	丙二醇	-7.2	-9.7	-12.8	-16.4	-20.9	-26.1	-32.0

② 甲醇、乙醇的水溶液。

a. 在有机物载冷剂中甲醇是最便宜的，而且对金属材料不腐蚀。甲醇水溶液的使用温度范围是-35～0℃，相应的体积分数是 40%～15%，在-35～-20℃范围内具有较好的传热性能。甲醇用作载冷剂的缺点是有毒和可以燃烧，在运送、储存和使用中应注意安全问题。

b. 乙醇无毒，对金属不腐蚀，其水溶液常用于啤酒厂、化工厂及食品化工厂。乙醇也可燃，比甲醇贵，传热性能比甲醇差。

知识点七　釜式反应器部件

釜体包括三个部件：一是圆筒体，二是上封头，三是下封头。圆筒体和上封头（釜盖）通常为法兰连接，方便装卸；圆筒体和下封头为焊接。釜体的作用是能提供足够的容积盛装反应的原料和产物，同时有足够的强度和耐腐蚀能力。釜体属于釜式反应器的主体构件。

1. 釜盖

在加压操作时，釜盖多为半球形或椭圆形，而在常压操作时，釜盖可为平盖，如图 2-27 所示。

图 2-27　反应釜釜盖

2. 法兰

釜盖与圆筒体通过法兰连接。成对的法兰一个焊在釜盖上，另一个焊在圆筒体的上端。

法兰焊接方式有平焊和对焊两种，如图 2-28 所示。平焊法兰不可用于有毒、易燃爆或真空度要求高的场合。

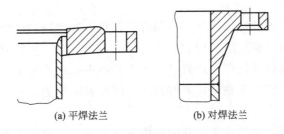

(a) 平焊法兰　　　　　　(b) 对焊法兰

图 2-28　法兰的焊接方式

安装时，成对的两个法兰之间安放填料，然后固定。不锈钢釜用螺栓固定，如图 2-29

所示；搪瓷釜用卡子固定，如图 2-30 所示。

图 2-29　不锈钢釜的釜盖

图 2-30　搪瓷釜的釜盖

3. 人孔

人孔被用来加入固态物料和清理检修釜体内部。人孔有圆形（直径为 400mm）和椭圆形（300mm×400mm）两种。人孔形式如图 2-31 所示。

人孔和手孔用于检查釜式反应器内部零件的工作状况，也可以通过人孔、手孔安装和拆卸内部构件以及清扫残留物或垃圾。手孔开口直径较小（直径为 150～200mm），可允许一只手伸进釜内。人孔直径较大（直径约为 400mm），人可以通过人孔探入釜内。不过安装人孔的反应釜直径应大些，以增强其抗压能力。

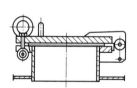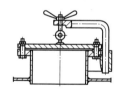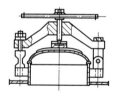

图 2-31　人孔形式

4. 视镜

视镜是工作人员窥视反应釜内部工作情况的窗口。开口处用透明玻璃盖住。透过这种特殊玻璃，可以清晰地看到反应釜内物料或流体的流动情况，另外有些视镜还可以用来测量反应釜内的液位。有些反应釜上的视镜直接安装在手孔或人孔上，这样做可以降低反应釜的制作成本。视镜中的透明玻璃应具有抗压、耐高温的性能，也应该避免有裂纹。

5. 安全阀

有的反应釜可能需要带压操作，此时反应釜属于压力容器，在釜盖上应装安全阀。

6. 连管

绝大多数反应釜都要和各种管道相连接，为此，在釜盖上需要设置连管。通常釜盖上的连管与反应釜相连接。连管通常焊接在釜盖上，如图 2-32 所示。一个釜盖上的连管通常具有相同的直径。

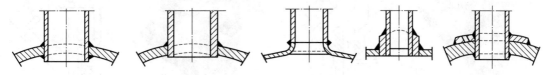

图 2-32　反应釜的连管

7. 加料管

反应釜加料一般不用连管，而用加料管，因为用连管直接加料会使液体散在釜盖的内表面上，并流入釜体法兰之间的垫圈中，引起腐蚀和渗漏。加料管是一根插在连管内，借法兰和螺栓与连管连接的短管。加料管的下端应截成与水平成 45°，目的是使液体在加料时不致四面溅开，也不致落在釜壁上。加料管安装方式如图 2-33 所示。

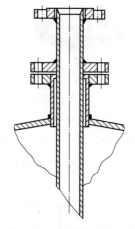

图 2-33　加料管安装方式

8. 压料管

压料管是利用压缩空气或其他气体从反应釜中将全部液态物料压出所用的管子。在需要将反应釜内的物料输送到位置更高或与它并列的另一设备中去时，应考虑安装压料管。压料管安装一般贴着釜壁，并用焊在釜体内壁的卡夹夹紧。压料管安装位置如图 2-34 所示。

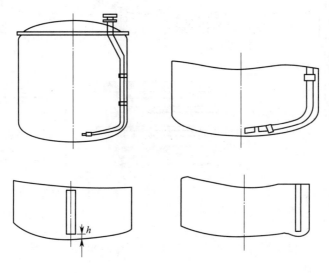

图 2-34　压料管安装位置

9. 釜底放料口

对于较黏稠的物料或含有固体的悬浮液，常常采用釜底放料。釜底放料口安装有釜底阀。采用的阀门有考克阀、上展阀和下展阀，上展阀和下展阀的结构如图 2-35、图 2-36 所示。

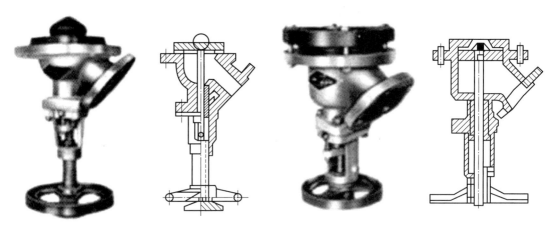

图 2-35　上展出料阀　　　　　　　　　　图 2-36　下展出料阀

10. 温度计套管

温度计套管用于放置长的温度计、热电偶和热电阻。它是用铸铁或钢做成的一端封闭的管子，其中注入一些机油或高沸点液体，然后插入热电偶等，再通过连管插到反应釜中，并用螺栓使它与连管固定。温度计套管如图 2-37 所示。

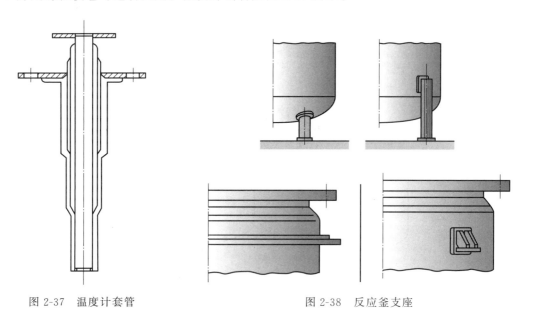

图 2-37　温度计套管　　　　　　　　　图 2-38　反应釜支座

11. 支座

支座是焊在夹套上起支撑作用的金属构件，如图 2-38 所示。反应釜支座常见的有腿式、支承式、裙式、耳式。

<h2 style="text-align:center">知识点八　釜式反应器的分类</h2>

一、釜式反应器的操作方式

釜式反应器内置搅拌器，高径比较小，物料在筒内易混合，各物料间的传质、传热效率高。釜内浓度、温度分布均匀，返混程度大，适用于液-液均相反应和一些气-液相、液-固相、气-液-固的反应体系。

操作方式分为间歇（分批）操作、半间歇（半连续）操作和连续操作。

1. 间歇操作

一次性投料、卸料。反应物系参数（浓度或组成等）随时间变化。

2. 半间歇操作

一种物料分批加入，而另一种物料连续加入的生产过程；或者是一批加入物料，连续移走部分产品的生产过程。

3. 连续操作

原料不断加入，产物不断引出，反应器内物系参数均不随时间变化。

釜式反应器可以进行间歇操作：一次加入反应物料，在一定的反应条件下，经过一定的反应时间，当达到所要求的转化率时取出全部产物的生产过程，如图2-39（a）所示。间歇操作设备利用率不高、劳动强度大，只适用于小批量、多品种的生产，在染料及制药工业中广泛采用这种操作。

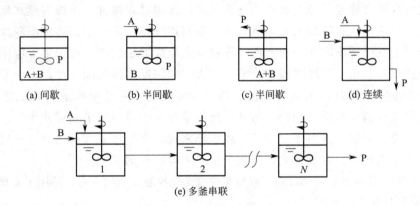

图2-39 反应釜的操作方式

釜式反应器可以进行半间歇操作：一种物料分批加入，而另一种物料连续加入的生产过程，如图2-39（b）所示；或者是一批加入物料，用蒸馏的方法连续移走部分产品的生产过程，如图2-39（c）所示。半间歇操作特别适用于要求一种反应物的浓度高而另一种反应物的浓度低的化学反应，适用于可以通过调节加料速度来控制所要求反应温度的反应。

釜式反应器也可以单釜或多釜串联进行连续操作：连续加入反应物和取出产物，如图2-39（d）和图2-39（e）所示。连续操作设备利用率高，产品质量稳定，易于自动控制，适用于大规模生产。

二、釜式反应器分类

（一）按操作方式

釜式反应器按操作方式分为间歇式反应釜、半间歇式反应釜和连续式反应釜。

1. 间歇式反应釜

间歇式反应釜俗称间歇釜，在染料及制药工业中应用广泛。

在间歇式反应釜中，反应物料一次性加入釜中，在釜内经过一定时间的传质和传热，产物不断生成与累积，达到所要求的转化率后，一次性取出釜内所有物料。

间歇式反应釜的操作灵活，易于适应不同的操作条件与不同品种的产品。但是间歇式反应釜处理物料时消耗大量的时间（包括出料的反应时间和辅助时间），每处理一批物料，都要有准备、加料和卸料等过程，花费大量辅助时间，降低了反应釜的生产能力，同时增加了劳动强度，不适合大批量产品的生产。所以间歇式反应釜多用于小批量、多品种、反应时间长的产品生产，特别是精细化工与生物化工产品的生产。

2. 半间歇式反应釜

半间歇式反应釜（又称半连续式反应釜）的操作方式有两种：一种是反应物料一次性加入反应釜，而产品连续取出；另一种是一种反应物料一次性加入反应釜，而另一种反应物料连续加入反应釜。第一种操作方式适用于产品的浓度大会影响反应的速率，或产品不稳定、长时间积累会发生副反应等场合；第二种操作方式适用于要求一种反应物的浓度高而另一种反应物的浓度低的化学反应。这种操作的优点是反应不太快，温度易于控制，有利于提高可逆反应的转化率。

3. 连续式反应釜

连续式反应釜又称连续釜，有单级连续式和多级串联式两种。单级连续式反应釜只有一个反应釜。反应物料连续加入反应釜，釜内物料连续排出反应釜。多级串联式反应釜由两个或两个以上反应釜串联在一起。连续搅拌釜式反应器是化学工业中最先应用于连续生产的一种反应设备。由于连续式操作，节省了大量的辅助操作时间，使得反应器的生产能力得到充分的发挥；同时，也大大减轻了体力劳动强度，容易全面地实现机械化和自动化，也降低了原材料和能量的损耗。另外在反应釜内由于强烈的机械搅拌作用，反应器中的物料得到了充分接触，这对于化学反应或传热来说，都是十分有利的。这种反应釜的操作稳定，适用范围较广，容易放大，在化工生产上有广泛的应用。

这种生产方式节约大量劳动时间，容易实现自动化控制，节约人力，适用于大规模生产。

（二）按材质分类

釜式反应器按材质分为钢制（或衬瓷板）反应釜、铸铁反应釜和搪玻璃反应釜。

1. 钢制反应釜

最常见的钢制反应釜的材料为 Q235A（或容器钢）。钢制反应釜的特点是制造工艺简单，造价费用较低，维护检修方便，使用范围广，因此在化工生产中普遍采用。用 Q235A 材料制作的反应釜不耐酸性介质，不锈钢材料制的反应釜可以耐一般酸性介质，经过镜面抛光的不锈钢制反应釜还特别适用于高黏度体系聚合反应。

2. 铸铁反应釜

铸铁反应釜在氧化、磺化、硝化、缩合、硫酸增浓等反应过程中使用较多。

3. 搪玻璃反应釜

搪玻璃反应釜俗称搪瓷锅。在碳钢锅的内表面涂上含有二氧化硅的玻璃釉，经 900℃ 左右的高温焙烧，形成玻璃搪层。搪玻璃反应釜的夹套用 Q235A 型等普通钢材制造，若使用低于 0℃ 的冷却剂则须改用合适的夹套材料。由于搪玻璃反应釜对许多介质具有良好的抗腐蚀性，所以广泛用于精细化工生产中的卤化反应及盐酸、硫酸、硝酸等存在时的各种反应。

我国标准搪玻璃反应釜有 K 型和 F 型两种。K 型反应釜的锅盖和锅体分开，可以装置尺寸较大的锚式、框式和桨式等各种形式的搅拌器。反应釜容积有 50～10000L 的不同规格，因而适用范围广。F型是盖体不分的结构，盖上都装置人孔，搅拌器为尺寸较小的锚式或桨式，适用于低黏度、容易混合的液-液相、气-液相等反应。F型反应锅的密封面比 K 型小很多，所以对一些气-液相卤化反应以及带有真空和压力下的操作更为适宜。

（三）按操作压力分类

反应釜按所能承受的操作压力可分为低压釜和高压釜。

1. 低压釜

低压釜是最常见的搅拌釜式反应器。在搅拌轴与壳体之间采用动密封结构，在低压（1.6MPa以下）条件下能够防止物料的泄漏。

2. 高压釜

高压条件下，动密封往往难以保证不泄漏。目前，高压常采用磁力搅拌釜，磁力釜的主要特点是以静密封代替传统的填料密封或机械密封，从而实现整台反应釜在全密封状态下工作，保证无泄漏。因此，更适合各种极毒、易燃、易爆以及其他渗透力极强的化工工艺过程，是石油化工、有机合成、化学制药、食品等工艺中进行硫化、氟化、氢化、氧化等反应的理想设备。

学习检测

一、选择题

1. 下列各项不属于釜式反应器特点的是（　　　）。

A. 物料混合均匀 　　　　　　　　　B. 传质、传热效率高

C. 返混程度小 　　　　　　　　　　D. 适用于小批量生产

2. 反应温度在300℃以上一般用（　　　）作载热体较好。

A. 高压饱和水蒸气 　　　　　　　　B. 熔盐

C. 有机载热体 　　　　　　　　　　D. 高压汽水混合物

3. 烟道气加热法的特点不包括（　　　）。

A. 高温加热 　　　B. 传热效率高 　　　C. 温度不易控制 　　　D. 传热系数小

4. 搪瓷釜的圆筒体与釜盖采用法兰连接，并用（　　　）固定。

A. 螺栓 　　　　　B. 卡子 　　　　　C. 铁丝 　　　　　　D. 黏胶

5. 手孔和人孔的作用是（　　　）。

A. 检查内部零件 　　　　　　　　　B. 窥视内部工作状况

C. 泄压 　　　　　　　　　　　　　D. 装卸物料

6. 反应釜底的形状不包括（　　　）。

A. 平面形 　　　　B. 球形 　　　　　C. 碟形 　　　　　　D. 锥形

7. 旋桨式搅拌器适用于（　　　）搅拌。

A. 高黏度液体 　　B. 相溶的液体 　　C. 气体 　　　　　　D. 液-固反应

二、填空题

1. 搅拌釜式反应器由四大部分组成，即_____、_____、_____、_____。

2. 密封装置按密封的原理和方法不同，分为 _____ 和 _____ 两类。

3. 釜式反应器按操作方式不同，分为 _____、_____、_____。

4. 机械密封的主要两大部件是 _____、_____。

5. 常用的载冷剂有三类，即 _____、_____、_____。

6. 搅拌装置是釜式反应器的关键设备，在反应器中起到强化 _____ 和 _____ 的作用。

7. 釜体包括三个部件：一是 _____，二是上封头，三是下封头。

8. 釜体若材质为碳钢，则一般通过 _____ 来防腐。

三、判断题

1. 釜式反应器是一种低高径比的圆筒形反应器。 （ ）

2. 釜式反应器的壳体上开有人孔、手孔及视镜。 （ ）

3. 旋桨式搅拌器比螺带式搅拌器更适用于搅拌高黏度流体。 （ ）

4. 密封装置中的密封面间无相对运动。 （ ）

5. 换热器是用来加热或冷却反应物料的一种设备。 （ ）

6. 低压饱和水蒸气可满足反应器对较高温度的要求。 （ ）

7. 盐水的冷却温度比冷却水的冷却温度可以更低。 （ ）

8. 反应釜中圆筒体上的法兰与釜盖上的法兰不需要成对。 （ ）

四、简答题

1. 简述釜式反应器的特点。

2. 釜式反应器常用的换热装置有哪些？

3. 常用的高温热源有哪些？

4. 比较一下填料密封和机械密封的优缺点。

课外训练

观察上展出料阀和下展出料阀实物，体会两者在放料时有什么优缺点。

◤▪ 任务二　釜式反应器操作与维护

任务目标

① 熟悉釜式反应器的开、停车和常规操作知识；

② 能对釜式反应器进行基础维护；

③ 熟悉釜式反应器异常现象及处理方法。

任务指导

为了确保生产顺利、安全、有序地进行，要对釜式反应器进行日常维护。釜式反应器在生产过程中有一些共性操作，针对不同的工况，介绍釜式反应器的操作要点，以便更快适应生产操作。

 知识链接

知识点一　釜式反应器的操作要点

一、开车前准备

① 熟悉设备的结构、性能，并熟练掌握设备操作规程。

② 准备必要的开车工具，如扳手、管钳等。

③ 检查水、电、气等公用工程是否符合要求。

④ 确保减速机、机座轴承、釜用机封油盒内不缺油。

⑤ 确认传动部分完好后，启动电机。检查搅拌轴是否按顺时针方向旋转，严禁反转。

⑥ 用氮气（压缩空气）试漏，检查釜上进出口阀门是否内漏，相关动、静密封点是否有漏点，并用直接放空阀泄压，看压力能否很快泄完。

二、正常开车

① 投运公用工程系统、仪表和电气系统。

② 按工艺操作规程进料，启动搅拌运行。

③ 反应釜在运行中要严格执行工艺操作规程，严禁超温、超压、超负荷运行，凡出现超温、超压、超负荷等异常情况，立即按工艺规定采取相应处理措施。禁止釜内进行超过规定液位的反应。

④ 严格按工艺规定的物料配比加（投）料，并均衡控制加料和升温速度，防止因配比错误或加（投）料过快，引起釜内剧烈反应，出现超温、超压、超负荷等异常情况而引发设备安全事故。

⑤ 设备升温或降温时，操作动作一定要平稳，以避免温差应力和压力应力突然叠加，使设备产生变形或受损。

三、正常停车

① 根据工艺要求在规定的时间内停车，不得随意更改停车时间。

② 先停止搅拌，然后切断电源。

③ 依次关闭各种阀门。

④ 放料完毕，应将釜内残渣冲洗干净。不能用碱水冲刷，注意不要损坏搪瓷。

⑤ 在检查釜内、搅拌器、转动部分、附属设备、指示仪表、安全阀、管路及阀门按规定都已关闭或冲洗干净之后，方可进行交接班。

四、紧急停车

反应釜发生下列异常现象之一时，应立即采取紧急措施紧急停车：釜内工作压力、温度超过许用值，采用各种措施仍不能使之下降；釜盖、釜体、蒸汽管道出现裂纹、鼓包、变形、泄漏等缺陷危及安全；安全附件失效，釜盖关闭不正，紧固件损坏难以保证安全运行；冷凝水排放受阻引起蒸压釜严重上拱变形，采取紧急措施排放冷凝水，仍无效时；发

生其他意外事故，且直接威胁到安全运行。

紧急停止运行的操作步骤如下：

① 迅速切断电源，使运转设备，如泵、压缩机等停止运行。

② 停止向容器内输送物料。

③ 迅速打开出口阀，泄放容器内的气体或其他物料，必要时打开放空阀。

④ 对于系统性连续生产，紧急停车时要做好与前后有关岗位的联系工作；同时，应立即与上级主管部门及有关技术人员取得联系，以便更有效地控制险情，避免发生更大的事故。

知识点二　釜式反应器的维护与保养

一、釜式反应器在操作时常见的故障及处理方法

釜式反应器在生产中也会有损坏，发生故障。表 2-4 给出了釜式反应器在开停车及工作时遇到的常见故障及处理方法。

表 2-4　釜式反应器在开停车及工作时遇到的常见故障及处理方法

序号	故障现象	故障原因	处理方法
1	壳体损坏（腐蚀、裂纹、透孔）	①受介质腐蚀(点蚀、晶间腐蚀) ②热应力影响产生裂纹或碱脆 ③磨损变薄或均匀腐蚀	①用耐腐蚀材料衬里的壳体需重新修衬或局部补焊 ②焊接后要消除应力，产生裂纹要进行修补 ③超过设计最低的允许厚度需要换本体
2	超温、超压	①仪表失灵,控制不严格 ②误操作,原料配比不当,产生剧烈的放热反应 ③因传热或搅拌性能不佳发生副反应 ④进气阀失灵,进气压力过大,压力高	①检查修复自控系统,严格执行操作规程 ②根据操作法,紧急放压,按规定定量、定时投料,严防误操作 ③增加传热面积或清除结垢,改善传热效果;修复搅拌器,提高搅拌效率 ④关总气阀,切断气源管理阀门
3	密封泄漏（填料密封）	①搅拌轴在填料处磨损或腐蚀,造成间隙过大 ②油环位置不当或油路堵塞不能形成油封 ③压盖没压紧,填料质量差或使用过久 ④填料箱腐蚀机械密封 ⑤动静环端面变形、碰伤 ⑥端面比压过大,摩擦副产生热变形 ⑦密封圈选材不对,压紧力不够或V形密封圈装反,失去密封性 ⑧轴线与静环端面垂直度误差过大 ⑨操作压力、温度不稳,硬颗粒进入 ⑩镶装或粘接动、静环的镶缝泄漏	①更换或修补搅拌轴,并在机床上加工,保证表面粗糙度 ②调整油环位置,清洗油路 ③压紧填料或更换填料 ④修补或更换 ⑤更换摩擦副或重新研磨 ⑥调整比压要合适,加强冷却系统,及时带走热量 ⑦密封圈选材、安装要合理,要有足够的压紧力 ⑧停车,重新找正,保证垂直度误差小于0.5mm ⑨严格控制工艺指标,颗粒及结晶物不能进入 ⑩改进安装工艺或过盈量要适当,胶黏剂要好用,粘接牢固
4	釜内有异常的杂音	①搅拌器摩擦釜内附件(蛇管、温度计管等)或刮壁 ②搅拌器松脱 ③衬里鼓包,与搅拌器撞击 ④搅拌器弯曲或轴承损坏	①停车检修找正,使搅拌器与附件有一定距离 ②停车检查紧固螺栓 ③修鼓包或更换衬里 ④检修或更换轴及轴承
5	搪瓷搅拌器脱落	①被介质腐蚀断裂 ②电动机旋转方向相反	①更换搪瓷轴或用玻璃修补 ②停车改变转向

续表

序号	故障现象	故障原因	处理方法
6	搪瓷法兰漏气	①法兰瓷面损坏 ②选择垫圈材质不合理,安装接头不正确、空位、错移 ③卡子松动或数量不足	①修补、涂防腐漆或树脂 ②根据工艺要求,选择垫圈材料,垫圈接口要搭拢,位置要均匀 ③按设计要求,有足够数量的卡子,并要紧固
7	瓷面产生鳞爆及微孔	①夹套或搅拌轴管内进入酸性杂质,产生氢脆现象 ②瓷层不致密,有微孔隐患	①用碳酸钠中和后,用水冲净或修补,腐蚀严重的需更换 ②微孔数量少的可修补,严重的更换
8	电动机电流超过额定值	①轴承损坏 ②釜内温度低,物料黏稠 ③主轴转速较快 ④搅拌器直径过大	①更换轴承 ②按操作规程调整温度,物料黏度不能过大 ③控制主轴转速在一定的范围内 ④应当调整检修

二、维护要点

1. 釜式反应器的日常维护

① 反应釜在运行中，严格执行操作规程，禁止超温、超压。

② 按工艺指标控制夹套（或蛇管）及反应器的温度。

③ 避免温差应力与内压应力叠加，使设备产生应力变形。

④ 严格控制配料比，防止剧烈反应。

⑤ 注意反应釜有无异常振动和声响，如发现故障，应检查修理并及时消除。

⑥ 清洗密封液系统、密封液储罐及视镜，必要时置换密封液。

⑦ 定期对设备进行状态监控。

⑧ 定期对设备润滑油进行化验。

⑨ 检查及消除跑、冒、滴、漏缺陷，紧固松动的螺栓，检查密封液液位，及时补加。

2. 搪玻璃反应釜在正常使用中的注意事项

① 要严防金属硬物掉入设备内，运转时要防止设备振动，检修时按化工厂搪玻璃反应釜维护检修规程执行。

② 尽量避免冷罐加热料和热罐加冷料，严防温度骤冷骤热。

③ 尽量避免酸碱液介质交替使用，否则将会使搪玻璃表面失去光泽而被腐蚀。

④ 严防夹套内进入酸液（如果清洗夹套一定要用酸液，不能用 pH<2 的酸液），酸液进入夹套会产生氢效应，引起搪玻璃表面像鱼鳞片一样大面积脱落。一般清洗夹套可用2％的次氯酸钠溶液，最后用水清洗夹套。

⑤ 出料釜底堵塞时，可用非金属棒轻轻疏通，禁止用金属工具铲打。对粘在罐内表面上的反应物料要及时清洗，不宜用金属工具，以防损坏搪玻璃衬里。

学习检测

1. 釜式反应器开车前应如何准备？

2. 反应釜的维护要点有哪些？

任务三　间歇反应釜仿真操作

任务目标

① 能对 2-巯基苯并噻唑生产进行运行及监控；

② 熟悉间歇釜式反应器的生产控制；

③ 理解反应速率对生产控制的影响；

④ 能根据生产运行中的异常现象进行事故判断及处理；

⑤ 能通过考量生产的经济性进行生产控制。

任务指导

间歇反应在助剂、制药、染料等行业的生产过程中很常见。本工艺过程的产品（2-巯基苯并噻唑）就是橡胶制品硫化促进剂 DM（2,2-二硫代苯并噻唑）的中间产品，它本身也是硫化促进剂，但活性不如 DM。

本仿真单元采用间歇釜式反应器，完成 2-巯基苯并噻唑的生产工艺控制。控制的主要参数是反应釜的温度。受反应动力学的影响，反应过程的放热对温度的控制影响较大，是控制过程中关注的要点。

知识链接

微课扫一扫

间歇反应釜
工艺技术分析

知识点一　技术交底

一、工艺说明

全流程的缩合反应包括备料工序和缩合工序。考虑到突出重点，将备料工序略去。缩合工序共有三种原料：多硫化钠（Na_2S_n）、邻硝基氯苯（$C_6H_4ClNO_2$）及二硫化碳（CS_2）。

主反应如下：

$$2C_6H_4NClO_2 + Na_2S_n \longrightarrow C_{12}H_8N_2S_2O_4 + 2NaCl + (n-2)S\downarrow$$

$$C_{12}H_8N_2S_2O_4 + 2CS_2 + 2H_2O + 3Na_2S_n \longrightarrow$$

$$2C_7H_4NS_2Na + 2H_2S\uparrow + 2Na_2S_2O_3 + (3n-4)S\downarrow$$

副反应如下：

$$C_6H_4NClO_2 + Na_2S_n + H_2O \longrightarrow C_6H_6NCl + Na_2S_2O_3 + (n-2)S\downarrow$$

工艺流程如下：

来自备料工序的 CS_2、$C_6H_4ClNO_2$、Na_2S_n 分别注入计量罐及沉淀罐中，经计量沉淀后利用位差及离心泵压入反应釜中，釜温由夹套中的蒸汽、冷却水及蛇管中的冷却水控制，设有分程控制 TIC101（只控制冷却水），通过控制反应釜温度来控制反应速率及副反应速率，以获得较高的收率及确保反应过程安全。

在本工艺流程中，主反应的活化能要比副反应的活化能高，因此升温后更利于提高反应收率。在 90℃的时候，主反应和副反应的速率比较接近，因此，要尽量延长反应温度在 90℃以上的时间，以获得更多的主反应产物。

二、设备一览

RX01：间歇反应釜

VX01：CS_2 计量罐

VX02：邻硝基氯苯计量罐

VX03：Na_2S_n 沉淀罐

PUMP1：Na_2S_n 进料泵

间歇釜装置系统流程见图 2-40。

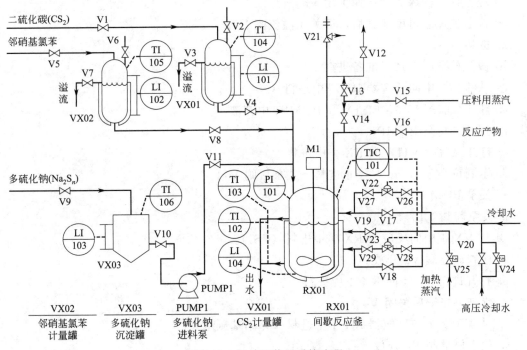

图 2-40 间歇釜装置系统流程

知识点二 操作规程

一、开车操作规程

装置开工状态为各计量罐、反应釜、沉淀罐处于常温、常压状态，各种物料均已备好，大部分阀门、机泵处于关停状态（除蒸汽联锁阀外）。

1. 备料过程

（1）向沉淀罐 VX03 进料（Na_2S_n）

① 开阀门 V9，向罐 VX03 充液。

② VX03 液位接近 3.60m 时，关小 V9，至 3.60m 时关闭 V9。

③ 静置 4min（实际 4h）备用。

（2）向计量罐 VX01 进料（CS_2）

① 开放空阀 V2。

② 开溢流阀 V3。

③ 开进料阀 V1，开度约为 50%，向罐 VX01 充液。液位接近 1.4m 时，可关小 V1。

④ 溢流标志变绿后，迅速关闭 V1。

⑤ 待溢流标志再度变红后，可关闭溢流阀 V3。

（3）向计量罐 VX02 进料（邻硝基氯苯）

① 开放空阀 V6。

② 开溢流阀 V7。

③ 开进料阀 V5，开度约为 50%，向罐 VX01 充液。液位接近 1.2m 时，可关小 V5。

④ 溢流标志变绿后，迅速关闭 V5。

⑤ 待溢流标志再度变红后，可关闭溢流阀 V7。

2. 进料

① 微开放空阀 V12，准备进料。

② 从 VX03 中向反应器 RX01 中进料（Na_2S_n）。

a. 打开泵前阀 V10，向进料泵 PUMP1 中充液。

b. 打开进料泵 PUMP1。

c. 打开泵后阀 V11，向 RX01 中进料。

d. 至液位小于 0.1m 时停止进料。关泵后阀 V11。

e. 关泵 PUMP1。

f. 关泵前阀 V10。

③ 从 VX01 中向反应器 RX01 中进料（CS_2）。

a. 检查放空阀 V2 开放。

b. 打开进料阀 V4 向 RX01 中进料。

c. 待进料完毕后关闭 V4。

④ 从 VX02 中向反应器 RX01 中进料（邻硝基氯苯）。

a. 检查放空阀 V6 开放。

b. 打开进料阀 V8 向 RX01 中进料。

c. 待进料完毕后关闭 V8。

⑤ 进料完毕后关闭放空阀 V12。

3. 开车阶段

① 打开阀门 V26、V27、V28、V29，检查放空阀 V12 和进料阀 V4、V8、V11 是否关闭。打开联锁控制。

② 开启反应釜搅拌器 M1。

③ 适当打开夹套蒸汽加热阀 V19，观察反应釜内温度和压力上升情况，保持适当的升温速度。

④ 控制反应温度直至反应结束。

4. 反应过程控制

① 当温度升至 55～65℃左右关闭 V19，停止通蒸汽加热。

② 当温度大于 75℃时，打开 TIC101 略大于 50，通冷却水。

③ 当温度升至 110℃以上时，是反应剧烈的阶段，应小心加以控制，防止超温。当温度难以控制时，打开高压水阀 V20，并可关闭搅拌器 M1 以使反应降速。当压力过高时，可微开放空阀 V12 以降低气压，但放空会使 CS_2 损失，污染大气。

④ 反应温度大于 128℃时，相当于压力超过 8atm，已处于事故状态，如联锁开关处于"ON"的状态，联锁启动（开高压冷却水阀，关搅拌器，关加热蒸汽阀）。

⑤ 压力超过 15atm（相当于温度大于 160℃），反应釜安全阀起作用。

5. 反应结束，出料

① 当邻硝基氯苯浓度小于 0.1mol/L 时可以结束反应，关闭搅拌器 M1。

② 开放空阀 V12，放可燃气。

③ 开 V12 阀 5～10s 后关 V12。

④ 通增压蒸汽，打开 V15、V13。

⑤ 开蒸汽出料阀 V14 片刻后关闭 V14。

⑥ 开出料阀 V16，出料。

⑦ 出料完毕，保持吹扫 10s，关闭 V15。

二、热态开车操作规程

1. 反应中要求的工艺参数

① 反应釜中压力不大于 8atm。

② 冷却水出口温度不小于 60℃，如小于 60℃易使硫在反应釜壁和蛇管表面结晶，使传热不畅。

2. 主要工艺生产指标的调整方法

（1）温度调节　操作过程中以温度为主要调节对象，以压力为辅助调节对象。升温慢会引起副反应速率大于主反应速率的时间段过长，因而导致反应的产率低。升温快则容易使反应失控。

（2）压力调节　压力调节主要是通过调节温度实现的，但在超温的时候可以微开放空阀，使压力降低，以达到安全生产的目的。

（3）收率　由于在 90℃以下时，副反应速率大于主反应速率，因此在安全的前提下快速升温是收率高的保证。

三、停车操作规程

在冷却水量很小的情况下，反应釜的温度下降仍较快，则说明反应接近尾声，可以进行停车出料操作了。

① 打开放空阀 V12 约 5～10s，放掉釜内残存的可燃气体。关闭 V12。

② 向釜内通增压蒸汽。

a. 打开蒸汽总阀 V15。

b. 打开蒸汽加压阀 V13 给釜内升压，使釜内气压高于 4atm。

③ 打开蒸汽预热阀 V14 片刻。

④ 打开出料阀 V16 出料。

⑤ 出料完毕后保持开 V16 约 10s 进行吹扫。

⑥ 关闭出料阀 V16（尽快关闭，不可超过 1min）。

⑦ 关闭蒸汽阀 V1。

四、仪表及报警一览表

仪表及报警一览见表 2-5。

表 2-5　仪表及报警一览

位号	说明	工程单位	高报	低报	高高报	低低报
TIC101	反应釜温度控制	℃	128	25	150	10
TI102	反应釜夹套冷却水温度	℃	80	60	90	20
TI103	反应釜蛇管冷却水温度	℃	80	60	90	20
TI104	CS_2 计量罐温度	℃	80	20	90	10
TI105	邻硝基氯苯罐温度	℃	80	20	90	10
TI106	多硫化钠沉淀罐温度	℃	80	20	90	10
LI101	CS_2 计量罐液位	m	1.4	0	1.75	0
LI102	邻硝基氯苯罐液位	m	1.2	0	1.5	0
LI103	多硫化钠沉淀罐液位	m	3.6	0.1	4.0	0
LI104	反应釜液位	m	2.7	0	2.9	0
PI101	反应釜压力	atm	8	0	12	0

注：1atm＝101.325kPa。

五、事故及其处理

下列事故处理操作仅供参考。

1. 超温（压）事故

原因：反应釜超温（超压）。

现象：温度大于 128℃（气压大于 8atm）。

处理：

① 开大冷却水，打开高压冷却水阀 V20。

② 关闭搅拌器 M1，使反应速率下降。

③ 如果气压超过 12atm，打开放空阀 V12。

微课扫一扫

间歇反应釜
超温事故

2. 搅拌器 M1 停转

原因：搅拌器坏。

现象：反应速率逐渐下降为低值，产物浓度变化缓慢。

处理：停止操作，出料维修。

微课扫一扫

间歇反应釜搅
拌器 M1 停转

3. 冷却水阀 V22、V23 卡住（堵塞）

原因：蛇管冷却水阀 V22 卡住。

现象：开大冷却水阀对控制反应釜温度无作用，且出口温度稳步上升。

处理：开冷却水旁路阀 V17 调节。

微课扫一扫

间歇反应釜冷却水
阀 V22、V23 卡住

4．出料管堵塞

原因：出料管硫黄结晶，堵住出料管。

现象：出料时，内气压较高，但釜内液位下降很慢。

处理：开出料预热蒸汽阀 V14 吹扫 5min 以上（仿真中采用）。拆下出料管用火烧化硫黄，或更换管段及阀门。

微课扫一扫

间歇反应釜
出料管堵塞

5．测温电阻连线故障

原因：测温电阻连线断开。

现象：温度显示置零。

处理：

① 改用压力显示对反应进行调节（调节冷却水用量）。

② 升温至压力为 0.3～0.75atm 就停止加热。

③ 升温至压力为 1.0～1.6atm 开始通冷却水。

④ 压力为 3.5～4atm 以上为反应剧烈阶段。

⑤ 反应压力大于 7atm，相当于温度大于 128℃，处于故障状态。

⑥ 反应压力大于 10atm，反应器联锁启动。

⑦ 反应压力大于 15atm，反应器安全阀启动（以上压力为表压）。

微课扫一扫

间歇反应釜测温
电阻连线故障

六、仿真界面

间歇反应釜 DCS 界面、现场界面分别如图 2-41、图 2-42 所示。

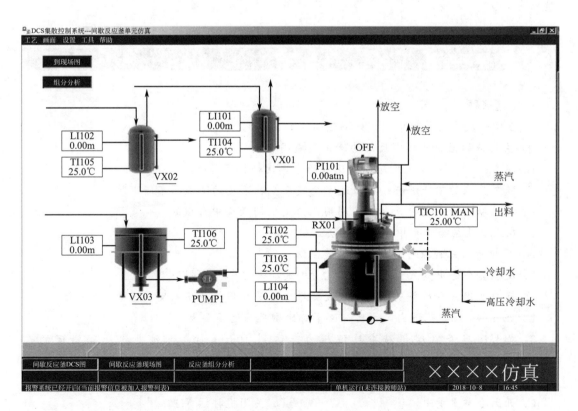

图 2-41　间歇反应釜 DCS 界面

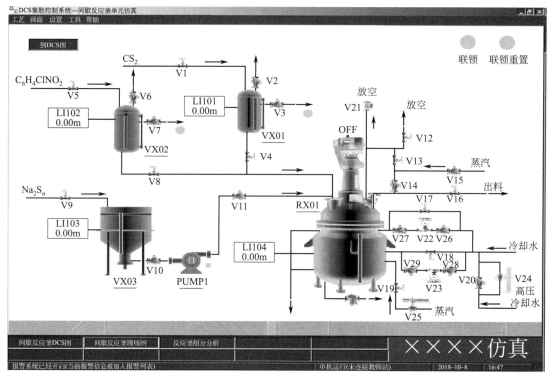

图 2-42　间歇反应釜现场界面

 学习检测

一、选择题

1. 在间歇反应釜单元中，下列描述错误的是（　　　）。

A. 主反应的活化能比副反应的活化能要高

B. 在 80℃的时候，主反应和副反应的速率比较接近

C. 随着反应的不断进行，反应速率会随反应物浓度的降低而不断下降

D. 反应结束后，反应产物液是利用压力差从间歇釜中移出的

2. 在间歇反应釜单元中，下列说法正确的是（　　　）。

A. 反应所用三种原料都是液体并能互溶

B. 反应釜夹套中蒸汽、冷却水及蛇管中的冷却水都可控制釜温

C. 反应所用三种原料从计量罐或沉淀罐中都是利用位差压入反应器中

D. 在 60~120℃范围内，主反应速率都比副反应速率要大

3. 发生反应釜温度超温事故但压力未达到 10atm 时，下列事故处理错误的是（　　　）。

A. 打开高压冷却水阀 V20　　　　　　B. 打开放空阀 V12

C. 开大冷却水量　　　　　　　　　　D. 关闭搅拌器 M1

4. 在反应阶段反应温度应维持在 110~128℃。若无法维持，应（　　　）。

A. 打开高压冷却水阀　　　　　　　　　B. 关闭蒸汽阀

C. 打开放空阀　　　　　　　　　　　　D. 打开冷却水阀

5. 釜式反应器的换热可以采用（　　　）。

A. 夹套　　　　　B. 蛇管　　　　　C. 列管　　　　　D. 三者均可

6. 釜式反应器可用于（　　　）。

A. 气-液反应过程　　　　　　　　　　B. 液-液反应过程

C. 气-液-固反应过程　　　　　　　　　D. 三者均可

7. 准备出料时首先应该（　　　）。

A. 打开放空阀 V12　　　　　　　　　　B. 打开放空阀 V2

C. 停止加热蒸汽　　　　　　　　　　　D. 加大冷凝水

8. 当反应釜内的温度升至 75℃ 时，可以关闭蒸汽，为什么？（　　　）

A. 反应釜内的物料反应产生大量热，可以维持继续升温

B. 反应釜内密闭，温度不会下降

C. 反应釜内依靠搅拌会产生大量热

D. 反应釜温度可以完全不用蒸汽

9. 出料时，釜内气压较高，液位下降缓慢的原因是（　　　）。

A. 蒸汽入口堵塞　　　　　　　　　　　B. 出料管堵塞

C. 放空阀打开　　　　　　　　　　　　D. 进料管堵塞

10. 当压力过高时，可微开放空阀，其损失的是（　　　）。

A. Na_2S_n　　　　　　　　　　　　　B. $C_6H_4ClNO_2$

C. CS_2　　　　　　　　　　　　　　　D. N_2

11. 下列步骤中，哪个是搅拌器 M1 停转事故的处理步骤？（　　　）

A. 开大冷却水，打开高压冷却水阀 V20　B. 开冷却水旁路阀 V17 调节

C. 停止操作，出料检修　　　　　　　　D. 如果气压超过 12atm，打开放空阀 V12

12. 当反应温度大于 128℃ 时，已处于事故状态，如联锁开关处于"ON"的状态，联锁启动。下列不属于联锁动作的是（　　　）。

A. 开高压冷却水阀　　　　　　　　　　B. 全开冷却水阀

C. 关搅拌器　　　　　　　　　　　　　D. 关加热蒸汽阀

13. 间歇釜在进料到一定液位时，无法继续进料，可能的原因是（　　　）。

A. 放空阀未打开　　　　　　　　　　　B. 搅拌器未开

C. 计量槽出口阀未关　　　　　　　　　D. 泄料阀开启

14. 开启冷却水阀时，发现阀已抱死，无法开启，应该（　　　）。

A. 立即停车　　　　　　　　　　　　　B. 更换坏阀

C. 开大夹套冷却水　　　　　　　　　　D. 开启旁路阀手动调节

15. 间歇反应釜单元中所用的反应原料为（　　　）。

A. 多硫化钠、邻硝基氯苯、二硫化碳　　B. 多硫化钠、邻硝基氯苯、邻氯苯氨

C. 硫黄、邻硝基氯苯、二硫化碳　　　　D. 多硫化钠、2-硫基苯并噻唑、二硫化碳

16. 出料管堵塞的原因是（　　　）。

A. 产品浓度较大　　　　　　　　　　　B. 发生副反应

C. 出料管硫黄结晶   D. 反应不完全

17. 实际生产中，沉淀罐进料后静置（   ）。

A. 4min   B. 4h   C. 40min   D. 4d

18. 测温电阻连接出现故障时应（   ）。

A. 立即停车检修   B. 立即检修，排除故障

C. 改用压力显示进行调节   D. 开大冷却水

19. 间歇釜反应工艺中，其高温联锁的触发值为（   ）。

A. 90℃   B. 105℃   C. 110℃   D. 128℃

20. 反应釜测温电阻连线故障的现象是（   ）。

A. TIC101 降为零，不起显示作用   B. 沉淀罐溢出

C. 安全阀启用（爆膜）   D. 计量罐溢出

21. 冷却水阀 V22、V23 卡住（堵塞）的现象是（   ）。

A. TIC101 超过 120℃   B. TI104 升高

C. TI105 升高   D. TI106 升高

22. 间歇反应缩合工序的主要原料有（   ）。

A. 多硫化钠（Na_2S_n）   B. 邻硝基氯苯（$C_6H_4ClNO_2$）

C. 二硫化碳（CS_2）   D. 2-巯基苯并噻唑

23. 间歇釜的釜温由（   ）控制。

A. 夹套中的蒸汽   B. 冷却水

C. 蛇管中的冷却水   D. 原料温度

24. 本单元所涉及的复杂控制是（   ）。

A. 比值控制   B. 分程控制

C. 串级控制   D. 前馈控制

25. 在工艺流程中，为使反应速率快，应保持反应温度在（   ）以上。

A. 50℃   B. 150℃   C. 40℃   D. 90℃

26. 向计量罐 VX01、VX02 进料时应先开（   ），再开进料阀。

A. 放空阀   B. 溢流阀   C. 出料阀   D. 排液阀

27. 装置开工状态时，（   ）是处于开的状态。

A. 阀门   B. 电动机   C. 离心泵   D. 蒸汽联锁阀

28. 在正常工艺中，反应釜中压力不大于（   ）atm。

A. 6   B. 10   C. 8   D. 12

29. 在正常反应过程中，冷却水出口温度不小于（   ）℃。

A. 40   B. 70   C. 100   D. 60

30. 在停车操作的正常顺序是：（   ）。

A. 打开放空阀，关闭放空阀，向釜内通增压蒸汽，打开蒸汽预热阀，打开出料阀门

B. 打开放空阀，向釜内通增压蒸汽，打开蒸汽预热阀，打开出料阀门，关闭放空阀

C. 打开放空阀，关闭放空阀，打开蒸汽预热阀，向釜内通增压蒸汽，打开出料阀门

D. 打开出料阀门，打开放空阀，关闭放空阀，向釜内通增压蒸汽，打开蒸汽预热阀

31. 超温事故产生的原因有：（   ）。

A. 计量罐超温

B. 反应釜超温

C. 搅拌器事故

D. 出料温度过高

32. 搅拌器停转引起的现象有：（   ）。

A. 温度大于 128℃

B. 反应速率逐渐下降为低值

C. 产物浓度变化缓慢

D. 温度低于 128℃

33. 蛇管冷却水阀 V22 卡的处理步骤是：（   ）。

A. 启用冷却水旁路阀 V17

B. 控制反应釜温度 TI101

C. 搅拌器停

D. 反应停止

34. 出料管堵的现象是（   ）。

A. 温度显示置零

B. 出料时釜内压力较高

C. 出料时釜内液位下降很慢

D. 出口温度稳步上升

35. 不属于联锁启动的操作是（   ）。

A. 开高压冷却水阀

B. 关搅拌器

C. 开放空阀

D. 关加热蒸汽阀

36. 向计量罐通入邻硝基氯苯时，当液位处于（   ）开始出现溢流。

A. 3.6m   B. 1.4m   C. 1.2m   D. 1.0m

37. 间歇釜操作的初始阶段，通入加热蒸汽的目的是（   ）。

A. 提高升温速度

B. 提高反应压力

C. 降低反应压力

D. 降低升温速度

38. 反应初始阶段前应该首先（   ）。

A. 打开搅拌装置

B. 启动联锁控制

C. 打开放空阀

D. 打开冷凝水阀

39. 停车操作规程中，首先要求开放空阀 V12 约 5～10s，其目的是（   ）。

A. 降低反应釜内的压力

B. 降低反应釜内的温度

C. 抑制反应的进行

D. 放掉釜内残存的可燃气体

二、问答题

1. 当釜温超过 110℃ 时，应如何操作？

2. 间歇釜的主要控制工艺参数和指标有哪些？

3. 如何启动离心泵？如何关泵？

4. 当釜压升高至 8atm，应如何操作？如果打开放空阀，这样有何利弊？

5. 如果反应速率逐渐下降为低值，产物浓度变化缓慢，则是什么原因造成的？应如何操作？

6. 如果打开夹套蒸汽加热，则反应釜的温度压力如何变化？

7. 为什么不能让反应釜快速升温，而在安全情况下反应釜温度要快速升温至超过 90℃？

任务四　水杨酸磺化反应生产

任务目标

① 熟悉水杨酸生产工艺；
② 能对装置进行生产运行控制。

任务指导

　　水杨酸，分子式为 $C_7H_6O_3$，是柳树皮提取物，是一种天然的消炎药成分。常用的感冒药阿司匹林就是水杨酸的衍生物乙酰水杨酸钠，而对氨基水杨酸钠（PAS）则是一种常用的抗结核药物。水杨酸在皮肤科常用于治疗各种慢性皮肤病如痤疮（青春痘）、癣等。水杨酸可以去角质、杀菌、消炎，因而非常适合治疗毛孔堵塞引起的青春痘，国际主流祛痘产品都是含水杨酸的，浓度通常是 0.5%～2%。

　　主要设备是釜式反应器，通过反应装置进行仿真生产，生产中关注安全性、环保性和经济性。

知识链接

知识点一　工艺技术分析

　　5-磺基水杨酸，英文名：5-sulfosalicylic acid，在普通反应釜中反应得到，原料价廉易得，产品用途广泛，广泛用作医药中间体、表面活性剂、染料、润滑脂添加剂、有机催化剂。该物质由水杨酸磺化制得。

结构式：

分子式：$C_7H_6O_6S$　　　　分子量：218.18

一、工艺流程说明

　　如图 2-43 所示，通过 V101 向反应釜 R101 内注入浓硫酸（98%）276kg，通过

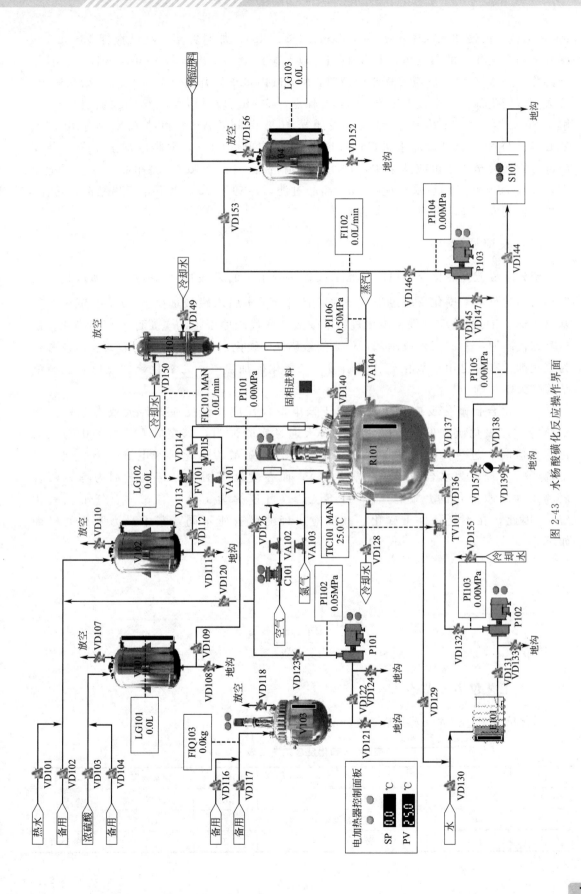

图 2-43　水杨酸磺化反应操作界面

R101 加料口缓慢加入固体水杨酸 0.5kmol（69.1kg），加料完毕，继续搅拌 15min，缓慢开通与夹套相连的蒸汽进口阀 VA104，以及蒸汽凝结水出口阀 VD157/VD139，控制釜温为 45～50℃；当反应液逐步变清时，30min 内将釜温升温至 75℃，当有结晶析出，开大蒸汽阀门加热，继续升温至 115℃，保温反应 4h。取样检查，当 10g 的试样全部溶解于 60mL 水时，即为反应终点。关闭蒸汽进口阀 VA104 和蒸汽凝结水出口阀 VD157/VD139，打开冷却水进口阀 VD155 和出口阀 VD128，逐步冷却至 40℃，将反应混合物转移至离心机或滤泵中，过滤，得到粗品（约 120kg）。将粗品转移至反应釜中，加入 75～80℃的热水，搅拌 1h，离心过滤，冷却至 25℃以下，析出结晶，甩滤，干燥，得到 5-磺基水杨酸，收率为 93%。

二、反应原理

苯分子等芳香烃化合物里的氢原子被硫酸分子里的磺酸基（—SO_3H）所取代的反应称为磺化反应。磺化反应过程：一种向有机分子中引入磺酸基（—SO_3H）或磺酰氯基（—SO_2Cl）的反应过程。磺化过程中磺酸基取代碳原子上的氢，称为直接磺化；磺酸基取代碳原子上的卤素或硝基，称为间接磺化。磺化剂：通常用浓硫酸或发烟硫酸作为磺化剂，有时也用三氧化硫、氯磺酸、二氧化硫加氯气、二氧化硫加氧以及亚硫酸钠等作为磺化剂。

芳香化合物磺化反应在机理上属于亲电取代反应，其反应条件大致有三种：含水硫酸、三氧化硫和发烟硫酸。其中有人通过实验证明：苯在非质子溶剂中与三氧化硫反应时，进攻的亲电试剂为三氧化硫；含水硫酸中磺化时亲电试剂为硫酸合氢正离子（可理解为水合质子＋三氧化硫）；而在发烟硫酸中，亲电试剂为焦硫酸合氢离子（即质子化的焦硫酸）和 $H_2S_4O_{13}$（可理解为 1 分子硫酸＋3 分子三氧化硫）。因此，在不同条件下磺化，其反应机理略微有所不同。其中最为常见的机理如下。

三、工艺仪表一览表

磺化反应工艺仪表一览见表 2-6。

表 2-6　磺化反应工艺仪表一览

序号	仪表号	说明	单位	正常数据	量程
1	LG101	高位槽 V101 液位	L	75	0～100
2	TIC101	釜内温度显示	℃	115	0～150
3	PI101	釜内压力显示	MPa	0	−0.1～1

知识点二 技术理论

一、操作规程

1. 浓硫酸计量加料

① 通过高位槽 V101 计量浓硫酸的加料量 150L（276kg），分两批计量，每次 75L。

② 打开高位槽 V101 顶部放空阀 VD107。

③ 打开高位槽 V101 浓硫酸进口阀 VD103，向 V101 加料。

④ 待高位槽 V101 浓硫酸进料量达到 75L 时，及时关闭进口阀 VD103。

⑤ 打开高位槽 V101 出料阀门 VD109。

⑥ 待高位槽 V101 中浓硫酸液位为 0L，关闭其出口阀 VD109。

⑦ 再次打开高位槽 V101 浓硫酸进口阀 VD103，向 V101 加料 75L。

⑧ 待高位槽 V101 浓硫酸进料量达到 75L 时，关闭进口阀 VD103。

⑨ 打开高位槽 V101 出料阀门 VD109，再次向反应釜加料。

⑩ 加料完毕，关闭阀门 VD109。

⑪ 控制浓硫酸进料总量为 150L（276kg）。

⑫ 控制高位槽 V101 液位不超高。

2. 水杨酸进料

① 在固相加料装置界面，将水杨酸进料量设定为 69.1kg。

② 启动螺旋进料器，通过加料口向反应釜加料。

③ 进料完毕，关闭螺旋进料器。

3. 反应阶段

① 启动反应釜搅拌器开关，开始搅拌。

② 打开回流阀门 VD140。

③ 打开冷凝水进口阀 VD149。

④ 打开冷凝水出口阀 VD150。

⑤ 打开蒸汽凝结水出口阀 VD157。

⑥ 打开蒸汽凝结水出口阀 VD139。

⑦ 缓慢开通与夹套相连的蒸汽进口阀 VA104。

⑧ 将反应器加热到 45～50℃（仿真中需要等待 1min，模拟变清的过程）。

⑨ 当反应液逐步变清后，将釜温升至 75℃。

⑩ 当有结晶析出，继续升温至 115℃，控制反应釜温度在 115℃，保温反应 4h（仿真时间 40min 左右，以反应收率做判断）。

⑪ 取样检查，当 10g 的试样全部溶解于 60mL 水时，即为反应终点（仿真终点可以收率判断）。

⑫ 反应结束后，关闭与夹套相连的蒸汽进口阀 VA104。

⑬ 关闭蒸汽凝结水出口阀 VD157。

⑭ 关闭蒸汽凝结水出口阀 VD139。

⑮ 打开冷却水进口阀 VD155。

⑯ 打开冷却水进口阀 VD136。

⑰ 打开冷却水出口阀 VD128。

⑱ 逐步打开调节阀 TV101，将釜温冷却至 40℃ 以下。

4. 后处理阶段

① 启动空压泵 C101。

② 打开空压机空气出口阀 VA102，向反应釜 R101 充压。

③ 待反应釜温度降至 40℃ 以下，打开反应釜出料阀 VD137。

④ 打开板框过滤机进口阀 VD144。

⑤ 启动板框式过滤机，对滤液进行压滤，得粗品。

⑥ 压滤结束后，将粗品转移至反应釜，加 75~80℃ 热水溶解。

⑦ 将滤液冷却至 25℃ 以下，经结晶、甩滤、干燥得最终产品。

二、磺化反应操作界面

水杨酸磺化反应操作界面如图 2-43 所示。

学习检测

1. 水杨酸磺化属于什么机理？

2. 浓硫酸磺化过程，取样用水溶解判别反应是否结束的依据是什么？

3. 反应结束后，加入热水的目的是什么？

4. 查阅生产中所使用物料的安全技术说明书，指出生产前应进行的安全防护措施。

▶ 任务五　操作反应釜装置

任务目标

① 熟悉反应釜的结构；

② 能够识读带控制点的工艺流程图；

③ 学会处理和解决反应釜经常遇到的不正常情况；

④ 能够操作和控制反应釜装置。

任务指导

　　反应釜实训装置的基本原理：在内层放入反应溶剂可做搅拌反应，夹层可通上不同的冷热源（冷冻液、热水或热油）做循环加热或冷却反应。通过反应釜夹层，注入恒温的（高温或低温）热溶剂或冷却剂，对反应釜内的物料进行恒温加热或制冷。同时可根据使用要求在常压条件下进行搅拌反应。物料在反应釜内进行反应，并能控制反应溶液的蒸发与回流，反应完毕，物料可从釜底的出料口放出，操作极为方便。

本次任务根据给出的技术资料和任务单实施。

知识点一　工艺技术分析

一、反应釜实训装置主要设备技术参数

反应釜实训装置主要设备技术参数见表 2-7。

表 2-7　反应釜实训装置主要设备技术参数

序号	代码	设备名称	主要技术参数
1	V101	产品罐	ϕ400mm，高 600mm
2	V102	热水罐	ϕ450mm，高 600mm
3	V103	原料罐	ϕ400mm，高 600mm
4	P102	原料泵	WB50/025
5	P101	热水泵	TD-35
6	E101	热水罐电加热器	
7	E102	釜电加热器	
8	E103	冷凝器	ϕ140mm，长 500mm
9	R101	釜式反应器	
10	R102	流化床反应器	
11	R103	鼓泡塔反应器	
12	R104	旋风分离器	
13	P103	漩涡气泵	ϕ150mm，高 200mm
14	P104	风机	ϕ160mm，高 260mm
15	E104	预热器	

二、反应釜实训装置流程简述

（1）物料流向　原料罐 V103 中的原料由原料泵 P102 经阀 VA114 经流量计计量后进入反应釜中反应，反应后的物料经 VA102 回到产品罐中，也可经 VA105、经泵 P102 回到原料罐中，或经阀 VA106 回到下水中。

（2）釜加热　反应釜本身带有加热器，或通过热水泵 P101 将热水罐中的水进入反应釜夹套中给釜循环加热。

（3）冷却水流向　冷却水分成两股。一股冷却水经阀 VA104 经流量计计量后进入反应釜蛇管中给物料冷却后，流入下水；一股冷却水经阀 VA110 经流量计计量后进入 E103 中给反应釜汽化的物料冷却后，流入下水。

带控制点的工艺流程见图 2-44。

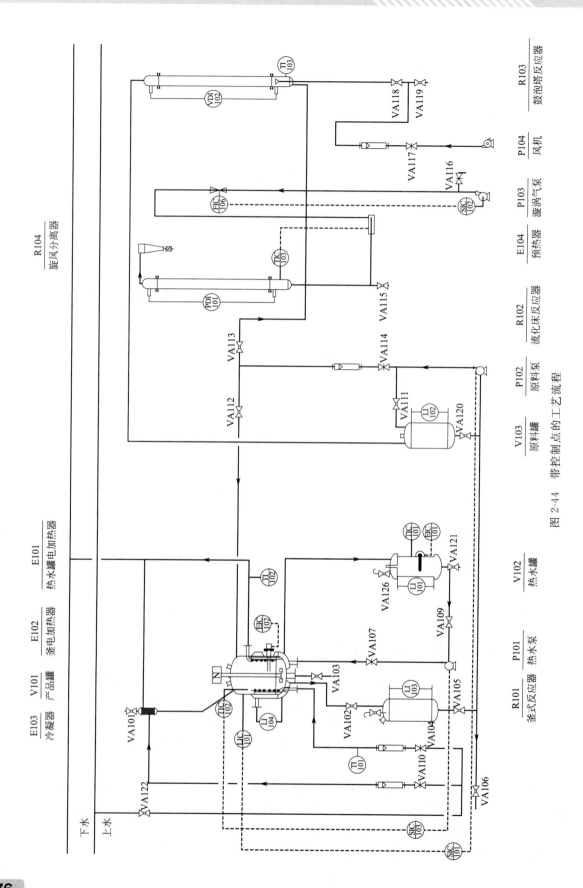

图 2-44 带控制点的工艺流程

知识点二 任务单

一、开车前准备

为确保开车顺利，要进行开车前检查。本装置要进行如下检查：

检查原料罐、热水罐、反应器、管件、仪表、冷凝设备等是否完好，检查阀门、分析取样点是否灵活好用以及管路阀门是否有漏水现象。

① 检查釜式反应器 R101：

a. 启动搅拌器进行检查。

b. 检查釜上两观察窗是否完好无损坏。

② 检查原料泵 P102 叶轮是否可自如转动。

③ 检查热水泵 P101 叶轮是否可自如转动。

④ 检查各储料罐及输送管路：

a. 检查原料罐 V103 中原料加入口是否畅通，管路阀门是否正常。向原料罐 V103 中加入原料前，应先关闭 VA120 阀门（注意：加入的原料液体量应占产品罐 V101 总储量的 2/3～3/4）。

b. 检查原料罐 V103 输送管路上各阀门是否正常。进料前先关闭 VA114、VA120 阀门。

c. 检查热水罐 V102 中水的储量及管路阀门是否正常。热水罐 V102 加水前先关闭 VA109、VA107、VA121 阀门，加水时打开 VA108 阀门。所加水量占热水罐储量的 2/3～3/4。

d. 利用热水泵 P101 向釜式反应器 R101 内加水，先开热水泵入口阀门 VA109，启动热水泵 P101，然后开热水泵出口阀门 VA107，直至从热水罐上液位计 LI101 中所看到的液位不变为止。向热水罐中补加一定量水以保持热水罐中水的储量占到 2/3～3/4。关热水泵出口阀门 VA107，关热水泵 P101，关热水泵入口阀门 VA109。

e. 检查冷却水管路阀门是否正常。检查 VA110 阀门，正常处于关闭状态。

⑤ 打开设备总电源后巡视仪表，观察仪表有无异常（查看 PV 和 SV 显示有无闪动，一般出现闪动即表示仪表发生异常）。

⑥ 打开计算机，双击屏幕桌面上的"反应釜实训"图标进入软件，登录系统后，检查软件仪表数据传输是否正常，即逐一对照仪表及软件窗口的相应显示，观察其是否一致，一致则表示软件工作正常，否则为不正常。

注意：如果出现异常现象，必须及时通知指导教师，切不可擅自开车。

二、釜装置分段控制

釜的温度控制影响化学反应的速率，对产品质量有影响，进而影响经济效益。控制釜温度是本次任务的关键。接下来请完成下面三个任务，另行进行记录。

1. 釜式反应器中的液位控制操作

设置电脑上釜式反应器的液位 LIC101 的液位为 400～450mm。

全关 VA113、VA102、VA105、VA106 阀，打开 VA120 阀，关闭 VA114 阀，启动

离心泵 P102，打开转子流量计调节阀 VA114，仪表会自动改变变频器的转速，从而使液位调整到设定值。关闭阀门 VA114，停止离心泵 P102，关闭阀门 VA120。记录时间、离心泵 P102 频率、釜式反应器内液位等参数（表 2-8）。每分钟记录一次，直到达到要求的液位。

表 2-8　间歇釜式反应器液位控制数据记录表

序号 \ 项目	时间/min	离心泵频率/Hz	釜式反应器内液位/mm
1			
2			
3			
4			
5			

2. 热水罐内温度控制操作

首先调节仪表 TIC101 的设定温度到所需的温度（不超过 70℃）。

保持热水罐中水的储量占 2/3～3/4 以上。打开热水泵入口阀门 VA109，启动热水泵 P101 开关，打开热水泵出口阀门 VA107，后打开加热器 EIC101 开关。

注意：液体必须没过电加热器才能进行加热，否则会发生干烧事故。

记录时间、热水罐内温度（表 2-9）。

表 2-9　间歇反应器热水罐内温度控制数据记录表

序号 \ 项目	时间/min	热水罐内温度/℃	备注
1			
2			
3			
4			
5			

3. 釜式反应器内温度自动控制操作

① 釜式反应器 R101 釜温度控制系统：

釜式反应器 R101 的釜内温度，是通过控制热水罐向釜式反应器 R101 输送热水的流量来实现的，即控制热水泵的电机频率来实现。如果温度过高可以启动蛇管中的冷却水进行降温。要想釜式反应器快速升温可以启动釜电加热器 EIC102。

② 操作规程：

首先设定 TIC102 的目标温度，釜式反应器设定温度一定要低于热水罐 TIC101 的设定温度。TIC102 的值快速达到目标温度，并且长时间保持为目标温度是要点。

启动釜搅拌装置，调节搅拌频率。

如果釜温较低，可以开启釜电加热，在接近设定的温度 TIC102 的时候，关闭釜电加热。适当时候打开上水总阀 VA122，然后打开阀 VA104 来启动冷却水。

记录时间、搅拌频率、釜式反应器温度、热水温度（表 2-10）。每 3min 记录一次。

表 2-10　间歇釜式反应器温度控制数据记录表

序号 ＼ 项目	时间/min	釜温/℃	热水温度/℃	搅拌频率/Hz	冷却水量
1					
2					
3					
4					
5					
6					
7					

4. 停止装置操作

① 停止釜电加热器 EIC102，停止热水罐电加热器 EIC101；正确停止热水泵 P101；停止釜搅拌。

② 关闭冷却水阀门 VA104，关闭上水总阀门 VA122。

③ 确认产品罐出口阀门 VA105 关闭，打开阀门 VA102 出料。

三、异常现象排除

请根据监控中出现的异常现象进行判断，确定故障的原因，并进行故障处理（表 2-11）。

生产事故案例

EO 反应器飞温
事故预案

表 2-11　故障设置及处理表

序号	故障现象	产生原因分析	处理思路	解决办法
1	釜式反应器内液面降低无进料	进料泵停转或进料转子流量计卡住		
2	釜式反应器内温度越来越低	加热器断电或有漏液现象、热水泵停转等		
3	釜式反应器或水罐内温度越来越低	热水泵停转或加热器断电		
4	仪表柜突然断电	有漏电现象或总电源关闭		
5	釜式反应器内搅拌停止	电机或轴封损坏		

四、釜装置参数控制

请根据领取的 PID 图以及以往的操作经验，使用釜装置完成下列目标：

① 对反应釜进料并控制到目标液位。请填写你要达到的液位：_____ mm。

② 启动相应的设备及措施控制釜的温度稳定。你的目标温度是_____℃。

③ 合理准备、启动、停止装置。

从开始到结束的操作时间是50min，现在的时间是：_____。

填写操作数据记录表（表2-12）。

表2-12 釜装置操作数据记录表

序号 \ 项目	时间 /min	釜液位 /mm	搅拌频率 /Hz	釜温 /℃	热水温度 /℃	冷却水量 /(L/h)	冷却水进口 温度/℃	冷却水出口 温度/℃
1								
2								
3								
4								
5								
6								
7								
8								
9								

学习检测

1. 该工艺在生产过程中最主要的控制指标是哪个？可以通过什么方式控制它？

2. 如何启停离心泵？为什么要这样做？

3. 如何启停齿轮泵？

4. 请说明如何检查反应釜的搅拌装置？

阅读材料

工业反应釜升温为何选择蒸汽发生器

反应釜在工业制造中具有普遍的使用，例如用于石油、化工、塑胶、化肥、燃料、药业、食品加工等行业。反应釜必须要大量的热能来进行硫化、硝化、聚合、浓缩等生产工艺，蒸汽发生器被看作是升温能源的好选择。反应釜升温为何优先选择蒸汽发生器？

1. 蒸汽升温速度快

大气压下蒸汽发生器3～5min就能产生饱和蒸汽，并且蒸汽温度能高达170℃，热效多达98%，蒸汽分子能一下子渗入物料的每个地方，物料在均衡预热后能快速升温。并能让物料在很短的时间内进行硫化、硝化、聚合、浓缩等生产工艺，在相当大程度上改善了生产效率。

2. 满足各种温度需求

在升温环节中，各种物料必须要的温度是不同的。使用传统的加热方法不但复杂，加热效果也很低，更关键的是达不到反应的效果。现代化蒸汽加热技术，将物料反应温度准确操控，促使物料完全反应。

3. 蒸汽升温安全可靠

反应釜为封闭的压力容器设备，在加热环节中一不小心很容易引起安全问题。蒸汽发生器历经了严苛检验，配置了多方面的安全保护系统，例如过压泄气保护、低水位防干烧保护、漏电断电保护等，以规避锅炉因操控不恰当引起的电路短路或漏电导致的安全问题。

4. 智能化控制系统操控方便

蒸汽发生器为全自动控制系统，一键操控就能控制整个设备的运作情况，并可以按照物料所需随意调节蒸汽温度和压力，为现代化生产加工带来了很大的便捷。使用环节中也不需要专人看护，调整好时间和温度后，蒸汽发生器就能自动运行，节约了人工成本。

蒸汽发生器可以为石油、化工、塑胶、化肥、燃料、药业、食品加工等行业的各类反应釜带来蒸汽热能，配合生产工艺进行硫化、硝化、聚合、浓缩等工艺程序。

固定床反应器操作与控制

化学工业中最常用的气-固相反应器主要是固定床反应器和流化床反应器。固定床反应器主要用于实现气-固相催化反应，如氨合成塔、二氧化硫接触氧化器、烃类蒸汽转化炉等。

通过本项目的学习，了解固定床反应器的基础知识，练习操作和控制固定床反应器的技能。

▶ 任务一　认识固定床反应器

📚 任务目标

① 掌握气-固相固定床反应器的类型；

② 了解固定床反应器中固体颗粒的作用；

③ 熟悉固定床反应器的优缺点。

📚 任务指导

固定床反应器是否与环境发生热交换、换热方式不同等对应适合的化学反应不同，对应的操作和控制方式也不同。本次任务首先要了解不同类型的固定床反应器，了解固定床反应器的特点，以便对固定床反应器进行操作与控制。

知识链接

知识点一 固定床反应器的分类

气-固相固定床反应器又称填充床反应器，是装填有固体催化剂或固体反应物，用以实现多相反应过程的一种反应器。固体物通常呈颗粒状，粒径为 2～15mm，堆积成一定高度（或厚度）的床层，床层静止不动，流体通过床层进行反应。气-固相固定床反应器示意图如图 3-1 所示。

固定床反应器按照反应过程中是否与环境发生热交换，可分为绝热式和换热式。

一、绝热式固定床反应器

在绝热式固定床反应器中，反应的时候反应器床层与环境不发生热交换，反应温度沿物料的流动方向变化。绝热式固定床反应器按照反应器床层的段数多少，又可分为单段绝热式和多段绝热式。

1. 单段绝热式固定床反应器

单段绝热式固定床反应器是在圆筒体底部安装一块支承板，在支承板上装填固体催化剂或固体反应物。预热后的反应气体经反应器上部的气体分布器均匀进入固体颗粒床层进行化学反应，反应后的气体由反应器下部的出口排出。如图 3-2 所示，该固定床反应器床

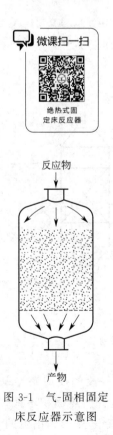

图 3-1 气-固相固定
床反应器示意图

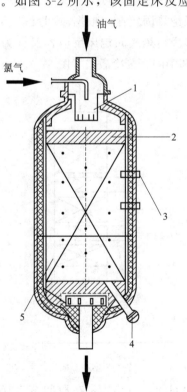

图 3-2 厚床层绝热式固定床反应器
1—原料气分配头；2—支承板；3—测温管；
4—催化剂卸料口；5—催化剂

层高度比较高，故也称厚床层绝热式固定床反应器。这类反应器结构简单，生产能力大，但是移热效果比较差。对于反应热效应不大或反应过程对温度要求不是很严格的反应过程，常采用此类反应器，如乙苯脱氢制苯乙烯、天然气为原料的一氧化碳中（高）温变换。对于热效应较大，且反应速率很快的化学反应，只需一层薄薄的催化剂床层即可达到需要的转化率。如图 3-3 所示，该固体颗粒床层很薄，故也称为薄床层绝热式固定床反应器。如甲醇在银或铜的催化剂上用空气氧化制甲醛。反应物料在该薄床层进行化学反应的同时不进行热交换，是绝热的。薄床层下面是一列管式换热器，用来降低反应物料的温度，防止物料进一步氧化或分解。

动画扫一扫

甲醇氧化的薄层反应器

2. 多段绝热式固定床反应器

多段绝热式固定床反应器中，固体颗粒床层分多层，原料气通过第一段绝热床反应，温度和转化率升高，此时，将反应物料通过换热冷却，使反应气远离平衡温度曲线状态，然后进行下一段绝热反应。绝热反应和冷却（加热）间隔进行，根据不同化学反应的特征，一般有二段、三段或四段绝热固定床。根据段间反应气的冷却或加热方式不同，多段绝热式固定床反应器又分为中间间接换热式（图 3-4）和中间直接冷激式（图 3-5）。

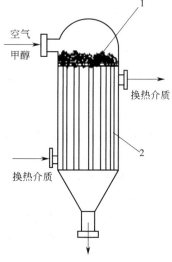

图 3-3　薄床层绝热式固定床反应器
1—催化剂床层；2—列管式换热器

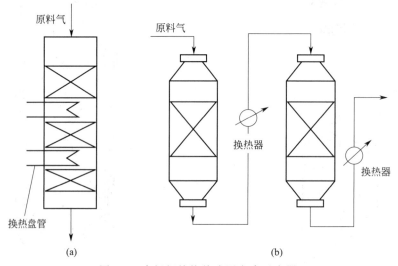

图 3-4　中间间接换热式固定床反应器
（a）层间加入换热盘管；（b）在两个单段绝热式固定床反应器之间加一换热器

中间间接换热式是在段间装有换热器，其作用是将上一段的反应气冷却或加热。图 3-4（a）是在层间加入换热盘管的方式。由于层间加入换热盘管换热面积不大，换热效率不高，因此，只适用于换热量要求不太大的情况。如水煤气转化及二氧化硫的氧化。另外，图 3-4（b）是在两个单段绝热式固定床反应器之间加一换热器来调节温度。如炼油工业中的催化重整，用四个绝热式固定床反应器，在两个反应器之间加一加热炉，把在反应过程（吸热反应）中降温的物料升高温度，再进入下一个反应器进行反应。

中间直接冷激式是用冷流体直接与上一段出口气体混合，以降低反应温度。图 3-5(a)是用原料气作冷激气，称为原料气冷激式；图 3-5(b)是用非关键组分的反应物作冷流体，称为非原料气冷激式。冷激式反应器内无冷却盘管，结构简单，便于装卸催化剂。一般用于大型催化反应固定床中，如大型氨合成塔、一氧化碳和氢合成甲醇。

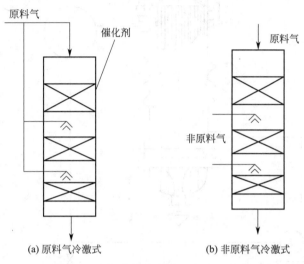

(a) 原料气冷激式　　　　　(b) 非原料气冷激式

图 3-5　中间直接冷激式固定床反应器

二、换热式固定床反应器

当反应热效应较大时，为了维持适宜的反应温度，必须在反应的同时，采用换热的方法把反应热及时移走或对反应提供热量。按换热方式的不同，可分为对外换热式固定床反应器和自热式固定床反应器。

1. 对外换热式固定床反应器

对外换热式反应器多为列管式固定床反应器，如图 3-6 所示，结构类似于列管式换热器。在管内装填催化剂，管外通入换热介质。管径的大小应根据反应热和允许的温度而定，反应的热效应很大时，需要传热面积大，一般选用细管，管径一般为 25～50mm，但不宜小于 25mm。列管式反应器的优点是传热效果好，易控制固定床反应器床层的反应温度，因为在列管式固定床反应器中管径较小，流体流速较大，流体在床内流动可视为理想置换流动，故反应速率快，选择性高。缺点是其结构复杂，造价较高。

列管式固定床反应器中，合理选择载热体及其温度控制是保证反应能稳定进行的前提条件。

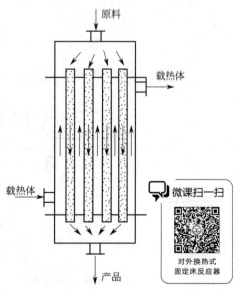

图 3-6　列管式固定床反应器

工业生产过程中，根据不同的反应温度要求而选择不同的载热体，反应温度在 100～300℃ 的温度范围，水及加压水蒸气是最常用的载热体。常见流程见图 3-7。

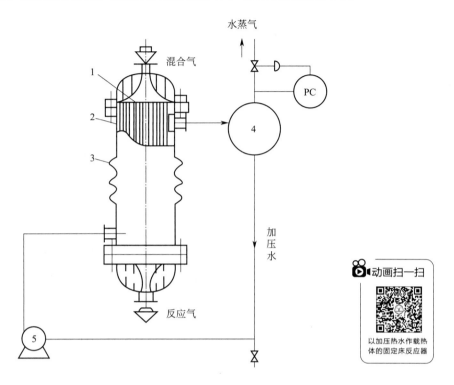

图 3-7　以加压热水作载热体的固定床反应装置示意

1—列管上花板；2—反应列管；3—膨胀圈；4—汽水分离器；5—加压热水泵

反应温度在 250～350℃ 可采用挥发性低的导热油作载热体。如 26.5% 联苯和 73.5% 二苯醚的混合物，最高使用温度可达 380℃ 等。常见流程见图 3-8。

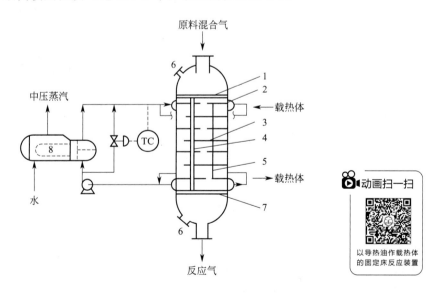

图 3-8　以导热油作载热体的固定床反应装置示意

1—列管上花板；2,3—折流板；4—反应列管；5—折流板固定棒；6—人孔；7—列管下花板；8—载热体冷却器反应温度在 350～400℃ 的则需要用熔盐作载热体，如 KNO_3 53%、$NaNO_3$ 7%、$NaNO_2$ 40% 的混合物，使用温度可达 540℃。常见流程见图 3-9。

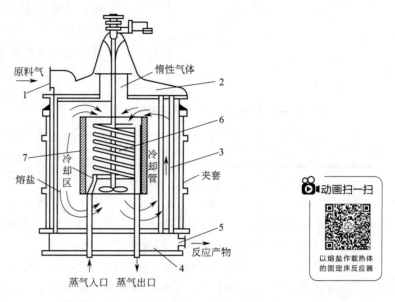

图 3-9 以熔盐作载热体的固定床反应装置示意

1—原料气进口；2—上头盖；3—催化剂列管；4—下头盖；5—反应气出口；6—搅拌器；7—笼式冷却器

对于 600～700℃ 的高温反应，可用烟道气作载热体。常见流程见图 3-10。在个别情况下，可用液态金属，如汞、铅或钠钾合金等，主要用于核工业中。

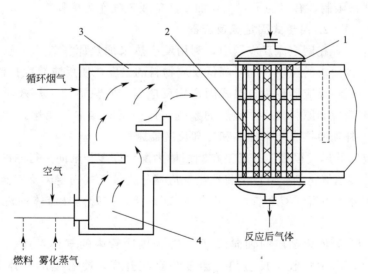

图 3-10 以烟道气作载热体的固定床反应装置示意

1—催化剂列管；2—圆缺挡板；3—加热炉；4—喷嘴

对于强放热的反应如氧化反应，径向和轴向都有温差。如催化剂的导热性能良好，而气体流速又较快，则径向温差可较小。轴向的温度分布主要取决于沿轴向各点的放热速率和管外载热体的移热速率。一般沿轴向温度分布都有一最高温度，称为热点，如图 3-11 所示。在热点以前放热速率大于移热速率，因此出现轴向床层温度升高，热点之后恰恰相

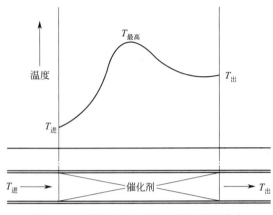

图 3-11　列管式固定床反应器的温度分布

反，沿床层温度逐渐降低。控制热点温度是使反应能顺利进行的关键。热点温度过高，使反应选择性降低，催化剂变劣，甚至使反应失去稳定性而产生飞温。热点出现的位置及高度与反应条件的控制、传热和催化剂的活性有关。随着催化剂的逐渐老化，热点温度逐渐下移，其高度也逐渐降低。

热点温度的出现，使整个催化床层中只有一小部分催化剂是在所要求的温度条件下操作，影响了催化剂效率的充分发挥。为了降低热点温度，减少轴向温差，使沿轴向大部分催化剂床层能在适宜的温度范围内操作，工业生产上所采取的措施有：

① 在原料气中带入微量抑制剂，使催化剂部分毒化；

② 在原料气入口处附近的反应管上层放置一定高度为惰性载体稀释的催化剂，或放置一定高度已部分老化的催化剂，这两点措施的目的是降低入口处附近的反应速率，以降低放热速率，使与移热速率尽可能平衡；

③ 采用分段冷却法，改变移热速率，使与放热速率尽可能平衡等。

由于有些反应具有爆炸危险性，在设计反应器时必须考虑防爆装置，如设置安全阀、防爆膜等。操作时则和流化床反应器不同，原料必须充分混合后再进入反应器，原料组成受爆炸极限的严格限制，有时为了安全须加水蒸气或氮气作为稀释剂。

2. 自热式固定床反应器

在固定床反应器中，利用反应热来加热原料气，使原料气的温度达到要求的温度，同时降低反应物料的温度，使反应温度控制在适宜范围，这种反应器称为自热式固定床反应器。它只适用于热效应不太大的放热反应和原料气必须预热的系统。这种反应器本身能达到热量平衡，不需外加换热介质来加热和冷却反应器床层。

自热式反应器的形式很多。一般是在圆筒体内配置许多与轴向平行的冷管，管内通过冷原料气，管外装填催化剂，所以又将这类反应器称为管壳式固定床反应器。它按冷管的形式不同，又可分为单管、双套管、三套管和 U 形管，按管内外流体的流向还有并流和逆流之分。

图 3-12 中 T_b 为催化剂层的轴向温度，T_i 为内冷管内的气体温度。冷管内冷气体自下而上流动时，由于吸收了反应热，温度一直在升高，冷管上端气体温度即为催化床入口气体温度。催化剂上部处于反应前期，反应速率大，单位体积床层反应所放出的热量很大，且床层上部冷管内气体温度接近催化床温度 T_b，上部传热温差小，因此，床层上部的温度升高很快。催化床下部处于反应后期，反应速率减小，单位体积催化床反应放热量小，且又由于下部冷管内气体温度低，传热温差大，因此，固定床床层下部温度下降很快，不利于化学反应的进行。为了改进这种不利情况，以下介绍几种自热式反应器。

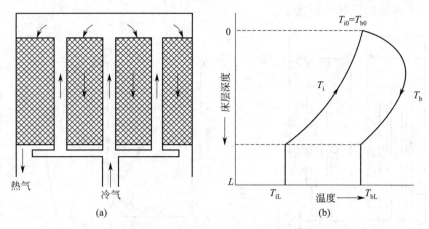

图 3-12　管逆流式固定床反应器(a)及温度分布(b)示意

图 3-13 中 T_b 为催化剂层的轴向温度，T_a 为内外冷管环隙内（或单冷管管内）的气体温度，T_i 为内冷管内的气体温度。冷管是同心的双重套管。内管内的原料气经内外冷管环隙内的原料气加热后，温度逐渐上升。内外冷管环隙内的原料气经内管内原料气的冷却和床层加热的双重作用，温度先升高后有微弱下降。最后经分气盒及中心管翻向固定床的床层顶端，经中心管时，气体温度略有升高。原料气经固定床层顶部绝热段，进入冷却段，被冷管环隙中气体所冷却，而环隙中气体又被内冷管内的气体所冷却。

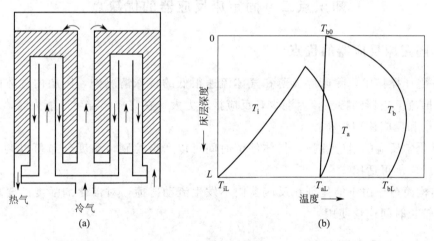

图 3-13　双套管并流式固定床(a)及温度分布(b)示意

图 3-14 中 T_b 为催化剂层的轴向温度，T_a 为内外冷管环隙内（或单冷管管内）的气体温度，T_i 为内冷管内的气体温度。三套管并流式固定床是双套管并流式的改进，使反应器床层的温度分布更加均匀，在双套管的内冷管内衬一根薄壁内衬管，内衬管与内冷管下端满焊，使内冷管与内衬管间形成一层很薄的气体不流动的"滞气层"，由于滞气层的热传导率很小，起着隔热作用，冷气体自下而上流经内衬管时温度升高很小，可以略去不计。这样，原料气体只有流经内、外冷管间环隙时才受热，内衬管仅起气体通道的作用。若略去气体流经内衬管及中心管的温升，在三套管并流式固定床反应器的内、外冷管间环隙最上端处，原料气温度等于床层外换热器的出口处气体温度，而环隙最下端气体温度等

于进入固定床床层的原料气温度。

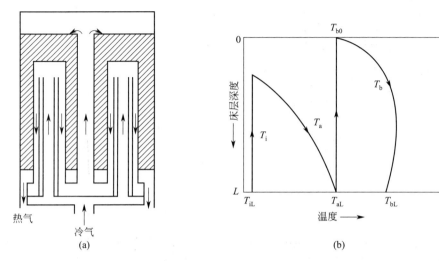

热气　　冷气
(a)　　　　　　　　　　　　　　(b)

图 3-14　三套管并流式固定床(a)及温度分布(b)示意

总之，双套管式催化床的冷管内加内衬管改为三套管后，由于催化床内温度分布比较合理，空时产率有所提高。但是，物料流经三套管固定床反应器的压力降也要比其他类型的套管式固定床大。

知识点二　固定床反应器的优缺点

一、固定床反应器的优点

① 在生产操作中，除床层极薄和气体流速很低的特殊情况外，床层内气体的流动近似符合平推流反应器的特性，返混少，反应推动力大，在完成同样生产能力时，所需要的催化剂用量和反应体积较小。

② 对化学反应的适应性强，气体停留时间可以严格控制，温度分布可以调节，从慢反应到快反应都可适用。

③ 结构简单，由于催化剂在反应器内不发生流动碰撞，对催化剂强度的要求相对较低，可以较长时间连续使用。

二、固定床反应器的缺点

① 在固定床内，由于催化剂载体固定不流动，且流体流速受压降限制又不能太大，造成了传热和温度控制上的困难。

对于放热反应，在换热式反应器的入口处，因为反应物浓度较高，反应速率较快，放出的热量往往来不及移走而使物料温度升高，这又促使反应以更快的速率进行，放出更多的热量，物料温度继续升高，直到反应物浓度降低，反应速率减慢，传热速率超过了反应放热速率时，温度才逐渐下降。所以在放热反应时，通常在换热式反应器的轴向存在一个最高的温度点，称为"热点"。如设计或操作不当，则在强放热反应时床内热点温度会超过工艺允许的最高温度，甚至失去控制而出现"飞温"。此时，反应的选择性、催化剂的活性和寿命、设备的强度等均极不利。一般固定床反应器只适用于热效应不太大的化学反应。

②　催化剂的粒径不宜过小，粒径太小会使反应物料通过固定床床层的压力降增大，甚至引起堵塞，破坏正常操作，颗粒太大会导致内扩散对化学反应的影响比较严重，降低催化剂内表面的利用率。

③　由于催化剂床层固定不动，催化剂的再生与反应不能同时进行，需要大量再生时间，且更换不方便。

 学习检测

一、选择题

1. 对于如下特征的气-固相催化反应，（　　）应选用固定床反应器。

A. 反应热效应大　　　　　　　　　B. 反应转化率要求不高

C. 反应对温度敏感　　　　　　　　D. 反应使用贵金属催化剂

2. 多相催化反应过程中，不作为控制步骤的是（　　）。

A. 外扩散过程　　　B. 内扩散过程　　　C. 表面反应过程　　　D. 吸附过程

3. 固定床反应器（　　）。

A. 原料气从床层上方经分布器进入反应器

B. 原料气从床层下方经分布器进入反应器

C. 原料气可以从侧壁均匀地分布进入

D. 反应后的产物也可以从床层顶部引出

4. 固定床反应器具有反应速率快、催化剂不易磨损、可在高温高压下操作等特点，床层内的气体流动可看成（　　）。

A. 湍流　　　　　B. 对流　　　　　C. 理想置换流动　　　D. 理想混合流动

5. 固定床反应器内流体的温差比流化床反应器（　　）。

A. 大　　　　　　B. 小　　　　　　C. 相等　　　　　　　D. 不确定

6. 固定床和流化床反应器相比，相同操作条件下，流化床的（　　）较好一些。

A. 传热性能　　　B. 反应速率　　　C. 单程转化率　　　D. 收率

7. 气-固相催化反应过程不属于扩散过程的步骤是（　　）。

A. 反应物分子从气相主体向固体催化剂外表面传递

B. 反应物分子从固体催化剂外表面向催化剂内表面传递

C. 反应物分子在催化剂表面上进行化学反应

D. 反应物分子从催化剂内表面向外表面传递

8. 气-固相催化反应器分为固定床反应器、（　　）反应器。

A. 流化床　　　　B. 移动床　　　　C. 间歇　　　　　　D. 连续

9. 薄层固定床反应器主要用于（　　）。

A. 快速反应　　　B. 强放热反应　　　C. 可逆平衡反应　　　D. 可逆放热反应

10. 催化剂使用寿命短，操作较短时间就要更新或活化的反应，比较适用（　　）反应器。

A. 固定床   B. 流化床   C. 管式   D. 釜式

11. 当化学反应的热效应较小，反应过程对温度要求较宽，反应过程要求单程转化率较低时，可采用（   ）。

A. 自热式固定床反应器   B. 单段绝热式固定床反应器

C. 换热式固定床反应器   D. 多段绝热式固定床反应器

二、判断题

1. 固定床反应器比流化床反应器的传热速率快。   （   ）

2. 固定床反应器比流化床反应器的传热效率低。   （   ）

3. 对于列管式固定床反应器，当反应温度为280℃时可选用导生油作热载体。（   ）

4. 固定床反应器操作中，对于空速的操作原则是先提温后提空速。   （   ）

5. 固定床反应器在管内装有一定数量的固体催化剂，气体一般自下而上从催化剂颗粒之间的缝隙内通过。   （   ）

6. 固定床反应器适用于气-液相化学反应。   （   ）

7. 绝热式固定床反应器适合热效应不大的反应，反应过程不需换热。   （   ）

8. 单段绝热床反应器适用于反应热效应较大、允许反应温度变化较大的场合，如乙苯脱氢制苯乙烯。   （   ）

三、简答题

1. 何谓固定床反应器？它有什么特点？在实际中有哪些应用？

2. 固定床反应器分为哪几种类型？其结构有何特点？

3. 试简述绝热式固定床反应器和换热式固定床反应器的特点，并举出其应用实例。

4. 固定床催化反应器内的传热和传质有哪些特点？

▶ 任务二   认识固定床反应器用催化剂

任务目标

① 了解气-固相反应催化剂；
② 理解催化剂失活的原因和再生方法；
③ 熟悉催化剂的运输、储藏、装填。

任务指导

在工业化生产中，要求在单位时间内获得足够量的产品，仅采用增加反应物浓度和提高反应温度的方法，往往达不到工业生产的要求。因此，采用催化剂选择性地加快反应速率，是行之有效的办法，特别是在有机化工生产中，催化剂的应用越来越广泛。据统计，当今90%的化学工业中均包含有催化过程，催化剂在化工生产中占有相当重要的地位。几种催化剂如图3-15所示。

图 3-15　几种催化剂

知识链接

<h1 style="text-align:center">知识点一　固体催化剂基础</h1>

一、催化作用的定义与基本特征

1. 定义

催化剂是这样一种物质：它能够改变热力学允许的化学反应的速率，在反应结束时该物质并不消耗。

由于催化剂的介入而加速或减缓化学反应速率的现象称为催化作用。在催化反应中，催化剂与反应物发生化学作用，改变了反应途径，从而降低了反应的活化能，这是催化剂能够提高反应速率的原因。如化学反应 $A+B \longrightarrow AB$，所需活化能为 E，加入催化剂 K 后，反应分两步进行，所需活化能均小于 E，如图 3-16 所示。催化作用是通过加入催化剂，实现低活化能的化学反应途径，从而加速化学反应。

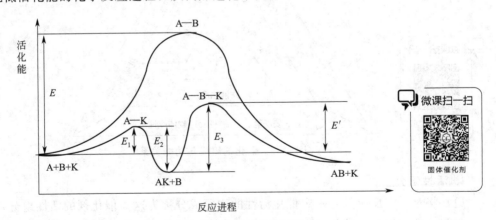

微课扫一扫

固体催化剂

图 3-16　催化剂对反应活化能的影响

2. 基本特征

① 催化剂能够加快反应速率，但它本身并不进入化学反应的计量。

② 催化剂对反应具有选择性，即催化剂对反应的类型、反应方向和产物的结构具有选择性。选择性是指催化剂促使反应向所要求的方向进行而得到目的产物的能力。

③ 催化剂只能加速热力学上可能进行的化学反应，而不能加速热力学上不能进行的反应。

④ 催化剂只能改变化学反应的速率，而不能改变化学平衡的速率（平衡常数）。即在一定外界条件下某化学反应产物的最高平衡浓度受热力学变量的限制。换言之，催化剂只能改变达到（或接近）这一极限值所需要的时间，而不能改变这一极限值的大小。

⑤ 催化剂不改变化学平衡，因为其既能加速正反应，也能同样程度地加速逆反应，这样才能使其化学平衡常数保持不变。因此某催化剂如果是某可逆反应的催化剂，必然也是其逆反应的催化剂。

二、催化剂的组成及功能

随着现代工业的发展，催化剂的产量和品种也与日俱增，早期使用的少数单组分固体催化剂，例如乙醇氧化制乙醛的银催化剂、乙醇脱水制乙烯的氧化铝催化剂只有一种组分。绝大部分工业固体催化剂都是由多种化合物构成，也称为多组元催化剂，通常不加以说明的固体催化剂就是指多组元固体催化剂。所谓"固体催化剂"是指在反应条件下，一般不发生液化或气化（也包括升华），只在固体范围内发生变化。其基本构成为：催化剂＝活性组分＋助催化剂＋载体。

催化剂组成与功能关系如图 3-17 所示。

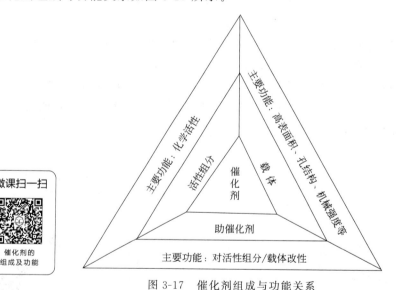

微课扫一扫

催化剂的组成及功能

图 3-17　催化剂组成与功能关系

1. 活性组分

通常将对一定反应具有一定催化活性的主要成分称为这一催化剂的活性组分，又称为主催化剂。活性组分是催化剂中必须具备的物质，没有它，催化剂也就显示不出活性。例如，加氢用的镍-硅藻土催化剂中，镍就是活性组分，特别注意的是，催化剂的活性组分并不限于一种，如裂解用的催化剂 SiO_2-Al_2O_3 都属于活性组分，SiO_2 和 Al_2O_3 两者缺一不可。多组元催化剂中任一组分单独使用时，通常没有活性或活性很低，必须把它们复合在一起，才具有较高的活性。催化剂在使用前和使用时，活性组分的形态不一定相同，例如，合成氨催化剂在使用前为没有活性的 Fe_3O_4 和 $FeAl_2O_4$，使用时转化为活性态的 α-Fe。

活性组分是催化剂的核心，催化剂活性的好坏主要是由活性组分决定的。

选择催化剂的活性组分是催化剂研制中的首要环节，目前还没有一个完整的理论作指导，主要依靠前人的经验，借助于催化剂理论提出的一些概念，进行大量的实验工作，筛选出有效活性组分。

2. 助催化剂

助催化剂是加到催化剂中的少量物质，本身不具备活性或活性很少，但加入后会明显提高催化剂的活性、选择性和稳定性。例如，乙烯氧化制环氧乙烷的催化剂，除活性组分 Ag 外，添加 BaO、$CaCO_3$ 等助催化剂，可以增加银离子的分散度，达到提高催化剂活性的目的。按作用机理的不同，助催化剂可分为结构型助催化剂、调变型助催化剂和毒化型助催化剂。

（1）结构型助催化剂　其作用是增大表面，防止烧结，提高主催化剂的结构稳定性。例如，由磁铁矿还原制得的 α-Fe 对氨的合成反应有很高的活性，但在 500℃ 高温下，有活性但不稳定的 α-Fe 微晶极易被烧结长大，减少活性表面而丧失活性，寿命也极短，若在熔融 Fe_3O_4 中加入 Al_2O_3，形成尖晶石 $FeAl_2O_4$，在还原过程中生成粒径极细的 Al_2O_3，它在铁微晶之间的孔隙中析出，从而可防止活性 Fe 微晶的长大，提高催化剂的寿命。

（2）调变型助催化剂　其作用是改变主催化剂的化学组成、电子结构、表面性质或晶型结构，从而提高催化剂的活性和选择性。

（3）毒化型助催化剂　其作用是使某些引起副反应的活性中心中毒，以提高催化剂的选择性。

助催化剂可以是单质，也可以是化合物，目前，主要是碱土金属、碱金属及其化合物，非金属及其化合物。

3. 载体

载体是负载催化剂活性组分、助催化剂的物质。它是催化剂的重要组成部分，应具有大比表面积、足够的机械强度，使催化剂在储存、运输、装卸和使用中不易破碎或粉化，所以开始选择载体时，往往从物理性质、机械性质、来源难易等方面加以考虑。载体的作用有以下几点。

（1）增大活性表面和提供合适的孔结构　合适的载体和制备方法可使负载的催化剂得到较大的有效表面及适宜的孔结构，实践证明：催化剂在反应中，只有表面上 0.2~0.3mm 的薄层才起催化作用，而大量的催化剂不起作用。

（2）提高催化剂的机械强度　固定床使用的载体有较强的耐压强度，例如选择活性炭等；而流化床使用的载体要求有较好的耐磨强度和抗击强度，例如选择硅胶等。可以看出，无论是固定床还是流化床用催化剂，都要求催化剂具有一定的机械强度，以经受反应时颗粒与颗粒、流体与颗粒、颗粒与反应器之间的摩擦和碰撞，运输、装填过程的冲击，以及由于相变、压力降、热循环等引起的内应力及外应力而导致的磨损或破损。根据反应床的要求，选用不同强度的载体，主要考虑载体的三种强度：耐压强度、耐磨强度和抗冲击强度。

（3）提高催化剂的热稳定性　载体一般具有较大的表面积，把活性组分负载在载体上，这样使颗粒分散开，防止积聚，提高分散度，增加散热面积，使反应热能及时地发散，避免反应温度过高引起催化剂烧结，导致活性下降。例如，钯单独用作加氢催化剂时，在200℃就会发生烧结而失去活性，如果将钯负载在Al_2O_3上，由于增加了散热面积，即使在300～500℃下仍能够长期使用而不烧结。

（4）节省活性组分用量，降低成本　活性组分负载在多孔载体上，用少量的活性组分就可以得到较大的活性表面，从而节省活性组分用量。特别体现在一些贵金属上。例如，SO_2氧化的催化剂主要用V_2O_5作活性组分，硅藻土、硅胶等都可以作为载体，载体的使用使少量的V_2O_5可以获得同样的催化效果。

（5）提高活性中心　多相催化剂不会以全部物质参加反应，只是在一小部分特别活跃的表面引导进行。载体本身对反应具有活性，制成负载型催化剂后，可以提高某种功能的活性中心，成为多功能性催化剂。例如，Pt负载在$Al_2O_3 \cdot SiO_2$上制成的$Pt/Al_2O_3 \cdot SiO_2$就是一种多功能催化剂。

（6）和活性组分形成新的化合物　有时，当催化剂负载在载体上后，由于两者的相互作用，部分活性组分和载体可能会形成新的化合物，活性也与原来的活性组分不同。

三、催化剂的性能与标志

一种良好的催化剂不仅能选择地催化所要求的反应，同时还必须具有一定的机械强度；有适当的形状，以使流体阻力减小并能均匀地通过；在长期使用后（包括开停车）仍能保持其活性和力学性能。即必须具备高活性、合理的流体流动性质及长寿命这三个条件。对理想催化剂的要求如图3-18所示。

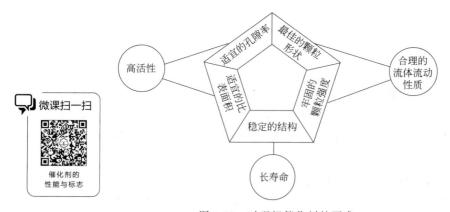

图 3-18　对理想催化剂的要求

这些要求之间有些是相互矛盾的，一般难以完全满足。活性和选择性是首先应当考虑的方面。影响催化剂活性和选择性的因素很多，但主要是催化剂的化学组成和物理结构。

1. 活性

催化剂的活性是指催化剂改变反应速率的能力，即加快反应速率的程度。它是反映催化剂在一定工艺条件下催化性能的最主要指标，直接关系到催化剂的选择、使用及制造。催化剂的活性不仅取决于催化剂的化学本性，还取决于催化剂的物理结构等。活性可以用下面几种方法表示。

（1）比活性　非均相催化反应是在催化剂表面上进行的。在大多数情况下，催化剂的表面积愈大，催化活性愈高，因此可用单位表面积上的反应速率即比活性来表示活性的大小。

比活性在一定条件下又取决于催化剂的化学本性，而与其他物理结构无关，所以用它来评价催化剂是比较严格的方法。但是反应速率方程式比较复杂，特别是在研究工作初期探索催化剂阶段，常不易写出每一种反应的速率方程式，因而很难计算出反应速率常数。

（2）转化率　用转化率表示催化剂的活性，是在一定反应时间、反应温度和反应物料配比的条件下进行比较的。转化率高则催化活性高，转化率低则催化活性低。此种表示方法比较直观，但不够确切。

（3）空时收率　空时收率是指单位时间内单位催化剂（单位体积或单位质量）上生成目的产物的数量，常表示为：目的产物质量(kg)/[m^3（或 kg）催化剂·h]。这个量直接给出生产能力，生产和设计部门使用最为方便。在生产过程中，常以催化剂的空时收率来衡量催化剂的生产能力，它也是工业生产中经验计算反应器的重要依据。

2. 选择性

催化剂的选择性是指催化剂促使反应向所要求的方向进行而得到目的产物的能力。它是催化剂的又一个重要指标。催化剂具有特殊的选择性，说明不同类型的化学反应需要不同的催化剂；同样的反应物，选用不同的催化剂，则获得不同的产物。

3. 使用寿命

催化剂的使用寿命是指催化剂在反应条件下具有活性的使用时间，或活性下降经再生而又恢复的累计使用时间。它也是催化剂的一个重要性能指标。催化剂寿命愈长，使用价值愈大。所以高活性、高选择性的催化剂还需要有长的使用寿命。催化剂的活性随运转时间而变化。各类催化剂都有它自己的"寿命曲线"，即活性随时间变化的曲线，可分为三个时间段，如图 3-19 所示。

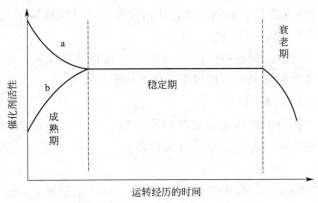

图 3-19　催化剂活性随时间变化曲线

a—起始活性很高，很快下降达到老化稳定；

b—起始活性很低，经一段诱导达到老化稳定

（1）成熟期　在一般情况下，当催化剂开始使用时，其活性逐渐有所升高，可以看成是活化过程的延续，直至达到稳定的活性，即催化剂已经成熟。

（2）稳定期　催化剂活性在一段时间内基本上保持稳定。这段时间的长短与使用的催化剂种类有关，可以从很短的几分钟到几年，这个稳定期越长越好。

（3）衰老期　随着反应时间的增长，催化剂的活性逐渐下降，即开始衰老，直到催化剂的活性降低到不能再使用，此时必须再生，重新使其活化。如果再生无效，就要更换新的催化剂。

4. 机械强度和稳定性

在化工生产中，大多数催化反应都采用连续操作流程，反应时有大量原料气通过催化剂层，有时还要在加压下运转，催化剂又需定期更换，在装卸、装填和使用时都要承受碰撞和摩擦，特别是在流化床反应器中，对催化剂的机械强度要求更高，否则会造成催化剂的破碎，增加反应器的阻力降，甚至是物料将催化剂带走，造成催化剂的损失。更严重的还会堵塞设备和管道，被迫停车，甚至造成事故。所以，机械强度是催化剂活性、选择性和使用寿命之外的又一个评价催化剂质量的重要指标。

影响催化剂机械强度的因素也很多，主要有催化剂的化学组成、物理结构、制备成型方法及使用条件等。

工业上表示催化剂机械强度的方法也很多，并随反应器的要求而定。固定床反应器主要考虑压碎强度，流化床反应器则主要考虑磨损强度。

工业催化剂还需要耐热稳定性及抗毒稳定性好。固体催化剂在高温下，较小的晶粒可以重结晶为较大的晶粒，使孔半径增大，表面积降低，因而导致催化活性降低，这种现象称作烧结作用。催化剂的烧结多半是由操作温度的波动或催化剂床层的局部过热造成的。所以，制备催化剂时一定要尽量选用耐热性能好、导热性能强的载体，以阻止容易烧结的催化活性组分相互接触，防止烧结发生，同时有利于散热，避免催化剂床层过热。

催化剂在使用过程中，有少量甚至微量的某些物质存在，就会引起催化剂活性显著下降。因此在制备催化剂过程中从各方面都要注意增强催化剂的抗毒能力。

四、固体催化剂的特征参数

绝大多数固体催化剂颗粒为孔结构，即颗粒内部都是由许多形状不规则、互相贯通的孔道组成。颗粒内部存在着巨大的内表面，而活性反应就发生在催化剂的表面上。

固体催化剂的特征参数

1. 比表面积 S_g

比表面积指单位质量催化剂所具有的表面积，m^2/kg。比表面积与孔径大小有关，孔径越小，比表面积越大。

2. 孔容积 V_g

孔容积指每克催化剂中孔隙的容积，cm^3/g。多孔性催化剂的孔容积多数在 $0.1 \sim 1.0 cm^3/g$ 范围内。

3. 孔隙率 ε_B

孔隙率指颗粒之间的空隙体积与床层体积之比，cm^3 空隙体积/cm^3 床层体积。

4. 真密度

真密度又称骨架密度，即催化剂颗粒中的固体实体的密度，g/cm^3。

5. 表观密度

表观密度又称假密度或颗粒密度，即包括催化剂颗粒中的孔隙体积时该颗粒的密度，g/cm^3。

6. 堆积密度

堆积密度又称填充密度，是对催化剂反应层床而言的，即当催化剂自由地填入反应器中时，每单位体积反应器中催化剂的质量。

知识点二　固体催化剂的失活与再生

一、催化剂的失活

所有催化剂的活性都是随着使用时间的延长而不断下降，在使用过程中缓慢地失活是正常的、允许的，但是催化剂活性的迅速下降将会导致工艺过程在经济上失去生命力。催化剂的失活原因是多种多样的，主要是中毒、烧结、结焦和堵塞。催化剂失活原因如图 3-20 所示。

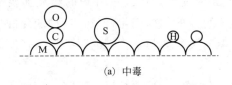
(a) 中毒

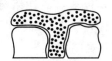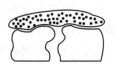
(b) 沉积沾污

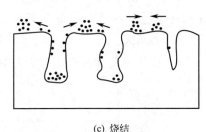
(c) 烧结

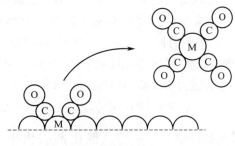
(d) 经由气相损失

图 3-20　催化剂失活原因

1. 中毒引起的失活

中毒指原料中极微量的杂质导致催化剂活性迅速下降的现象。

（1）暂时中毒　毒物在活性中心上吸附或化合时，生成的键强度相对较弱，可以采取适当的方法除去毒物，使催化剂活性恢复而不会影响催化剂的性质，这种中毒叫作可逆中毒或暂时中毒。

（2）永久中毒　毒物与催化剂活性组分相互作用，形成很强的化学键，难以用一般的方法将毒物除去以使催化剂活性恢复，这种中毒叫作不可逆中毒或永久中毒。

（3）选择性中毒　催化剂中毒之后可能失去对某一反应的催化能力，但对别的反应仍有催化活性，这种现象称为选择性中毒。在连串反应中，如果毒物仅使导致后继反应的活性位中毒，则可使反应停留在中间阶段，获得高产率的中间产物。

2. 结焦和堵塞引起的失活

催化剂表面上的含炭沉积物称为结焦。以有机物为原料、以固体为催化剂的多相催化反应过程几乎都可能发生结焦。由于含炭物质和/或其他物质在催化剂孔中沉积，造成孔径减小（或孔口缩小），使反应物分子不能扩散进入孔中，这种现象称为堵塞。所以常把堵塞归并入结焦中，总的活性衰退称为结焦失活，它是催化剂失活中普遍和常见的失活形式。

通常含炭沉积物可与水蒸气或氢气作用经气化除去，所以结焦失活是一个可逆过程。与催化剂中毒相比，引起催化剂结焦和堵塞的物质要比催化剂毒物多得多。在实际的结焦研究中，人们发现催化剂结焦存在一个很快的初期失活，然后是在活性方面的一个准平稳态，有报道称结焦沉积主要发生在最初阶段（在0.15s内），也有人发现约有50%形成的炭在前20s内沉积。结焦失活又是可逆的，通过控制反应前期的结焦，可以极大改善催化剂的活性，这也正是结焦失活研究日益活跃的重要因素。

3. 烧结和热引起的失活

催化剂的烧结和热引起的失活是指由高温引起的催化剂结构和性能的变化。高温除了引起催化剂的烧结外，还会引起其他变化，主要包括：化学组成和相组成的变化，半熔，晶粒长大，活性组分被载体包埋，活性组分由于生成挥发性物质或可升华的物质而流失等。事实上，在高温下所有的催化剂都将逐渐发生不可逆的结构变化，只是这种变化的快慢程度因催化剂不同而异。烧结和热失活与多种因素有关，如与催化剂的预处理、还原和再生过程以及所加的促进剂和载体等有关。

催化剂活性组分的挥发或剥落，会造成活性组分的流失，导致其活性下降。例如：乙烯水合反应所用的磷酸-硅藻土催化剂的活性组分磷酸的损失、正丁烷异构化反应所用的$AlCl_3$催化剂的损失，都是由挥发造成的；而乙烯氧化制环氧乙烷的负载银催化剂，在使用中则会出现银剥落的现象。这些都是引起催化剂活性衰退的原因。

当然催化剂失活的原因是错综复杂的，每一种催化剂失活并不仅仅按上述分类的某一种进行，往往是由两种或两种以上的原因引起的。

微课扫一扫

催化剂的再生

二、催化剂的再生

催化剂的再生是在催化活性下降后，通过适当的处理使其活性得到恢复的操作。因此，再生对于延长催化剂的寿命、降低生产成本是重要的手段。催化剂能否再生及其再生的方法，要根据催化剂失活的原因来决定。

在工业上对于可逆中毒的情况可以再生，这在前面已经讨论。对于催化工业中的积炭现象，由于只是一种简单的物理覆盖，并不破坏催化剂的活性表面结构，只要把炭烧掉就可再生。总之，催化剂的再生是对于催化剂的暂时性中毒或物理中毒如微孔结构阻塞等进行再生，如果催化剂受到毒物的永久中毒或结构毒化，就难以进行再生。

工业上常用的再生方法有下列几种。

1. 蒸汽处理

如轻油水蒸气转化制合成气的镍基催化剂，当处理积炭现象时，加大水蒸气比或停止加油，单独使用水蒸气吹洗催化剂床层，直至所有的积炭全部清除掉为止。其反应式如下：

$$C + 2H_2O \rightleftharpoons CO_2 + 2H_2$$

对于中温一氧化碳变换催化剂，当气体中含有H_2S时，活性组分Fe_3O_4要与H_2S反应生成FeS，使催化剂受到一定的毒害作用。反应式如下：

$$Fe_3O_4 + 3H_2S + H_2 \rightleftharpoons 3FeS + 4H_2O$$

由此可见，加大蒸汽量有利于反应向着生成Fe_3O_4的方向移动。因此，工业上常用加大原料气中水蒸气的比例，使受硫毒害的变换催化剂得以再生。

动画扫一扫
空气处理
再生催化剂

2. 空气处理

当催化剂表面吸附了炭或碳氢化合物，阻塞了微孔结构时，可通入空气进行燃烧或氧化，使催化剂表面的炭及碳氢化合物与氧反应，将炭转化成二氧化碳放出。例如原油加氢脱硫用的钴钼或铁钼催化剂，当吸附了上述物质时活性显著下降，常用通入空气的办法把这些物质烧尽，这样催化剂就可继续使用。

3. 通入氢气或不含毒物的还原性气体

如合成氨使用的熔铁催化剂，当原料气中含氧或氧的化合物浓度过高受到毒害时，可停止通入该气体，而改用合格的 N_2-H_2 混合气体进行处理，催化剂可获得再生。加氢的方法，也是除去催化剂中含焦油状物质的一种有效途径。

4. 用酸或碱溶液处理

如加氢用的骨架镍催化剂被毒化后，通常采用酸或碱，以除去毒物。

催化剂经再生后，一些可以恢复到原来的活性，但也受到再生次数的制约。如用烧焦的方法再生，催化剂在高温的反复作用下其活性结构也会发生变化。因结构毒化而失活的催化剂，一般不容易恢复到毒化前的结构和活性。例如合成氨的熔铁催化剂，如被含氧化合物多次毒化和再生，则 α-Fe 的微晶由于多次氧化还原，晶粒长大，结构受到破坏，即使用纯净的 N_2-H_2 混合气也不能使催化剂恢复到原来的活性。因此，催化剂再生次数也受到一定的限制。

催化剂再生的操作，可以在固定床、移动床或流化床中进行。再生操作方式取决于许多因素，但首要的是取决于催化剂活性下降的速率。一般说来，当催化剂的活性下降比较缓慢，可允许数月或一年后再进行再生时，可采用设备投资少、操作也容易的固定床再生。但对于反应周期短，需要进行频繁再生的催化剂，最好采用移动床或流化床连续再生。例如，催化裂化反应装置就是一个典型的例子。该催化剂使用几秒钟后就会产生严重的积炭，在这种情况下，工业上只能采用连续烧焦的方法来清除，即在一个流化床反应器中进行催化反应，随即气-固分离，连续地将已积炭的催化剂送入另一个流化床再生器，在再生器中通入空气，用烧焦方法进行连续再生。最佳的再生条件，应以催化剂在再生中的烧结最小为准。显然，这种再生方法设备投资大，操作也复杂。但连续再生的方法使催化剂始终保持新鲜的表面，提供了催化剂充分发挥催化效能的条件。

知识点三　催化剂的运输、储藏、装填

一、催化剂的运输

动画扫一扫
催化剂的运输、
储藏、装填

催化剂通常是装桶供应的，有金属桶（如 CO 变换催化剂）或纤维板桶（如 SO_2 接触氧化催化剂）包装。用纤维板桶装时，桶内有塑料袋，以防止催化剂吸收空气中的水分而受潮。装有催化剂桶的运输应按规定使用专用工具和设备，如图 3-21 所示，尽可能轻轻搬运，并严禁摔、滚、碰、撞击，以防催化剂破碎。

二、催化剂的储藏

催化剂的储藏要求防潮、防污染。例如，SO_2 接触氧化使用的钒催化剂，在储藏过

程中不与空气接触则可保存数年，性能不发生变化。催化剂受潮与否，就钒催化剂来说，大致可由其外观颜色判别，新的未受潮的催化剂应是淡黄色或深黄色的。如催化剂变为绿色，那就是它和空气接触受潮了，因为该催化剂很容易与任何还原性物质作用，还原成四价钒。对于合成氨催化剂，如用金属桶存放时间为数月，则可置于户外，但也要注意防雨防污，做好密封工作。如有空气泄漏进入金属桶中，空气中含有的水汽和硫化物等会与催化剂发生作用，有时可以看到催化剂上有一层淡淡的白色物质，这是空气中的水汽和催化剂长期作用使钾盐析出的结果，在储藏期间如有雨水浸入催化剂表面润湿，这些催化剂均不宜使用。

图 3-21　搬运催化剂桶的装置

三、催化剂的装填

催化剂的装填是非常重要的工作，装填的好坏对催化剂床层气流的均匀分布以降低床层的阻力、有效地发挥催化剂的效能有重要的作用。催化剂在装入反应器之前先要过筛，因为运输中所产生的碎末细粉会增加催化床层阻力，甚至被气流带出反应器，阻塞管道阀门。在装填之前要认真检查催化剂支撑箅条或金属支网的状况，因为这方面的缺陷在装填后很难矫正。常用的催化剂装填装置如图 3-22 所示。

在装填固定床宽床层反应器时，要注意两个问题：一是要避免催化剂从高处落下造成破损；二是在装填床层时一定要分布均匀。忽视了上述两项，如果在装填时造成严重破碎或出现不均匀的情况，形成反应器断面各部分颗粒大小不均，小颗粒或粉尘集中的地方孔隙率小、阻力大，大颗粒集中的地方孔隙率大、阻力小，气体必然更多地从孔隙率大、阻力小的地方通过，由于气体分布不均影响了催化剂的利用率。理想的装填通常是采用装有加料斗的布袋，加料斗架于人孔外面，当布袋装满催化剂时，便缓缓提起，使催化剂有控制地流进反应器，并不断地移动布袋，以防止总是卸在同一地点。在移动时要避免布袋的扭结，催化剂装进一层布袋就要缩短一段，直至最后将催化剂装满为止。也可使用金属管代替布袋，这样更易于控制方向，更适合装填像合成氨那样密度较大、磨损作用较严重的催化剂。另一种装填方法叫绳斗法，该法使用的料斗如图 3-23 所示，料斗的底部装有活动的开口，上部有双绳装置，一根绳子吊起料斗，另一根绳子控制下部的开口，当料斗装满催化剂后，吊绳向下传送，使料斗到达反应器的底部，而后放松另一根绳子，使活动开口松开，催化剂即从斗内流出。此外，装填这一类反应器也可

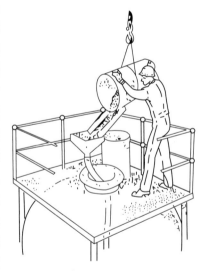

图 3-22　常用的催化剂装填装置

用人工将一小桶一小桶塑料袋的催化剂逐一递进反应器内，再小心倒出并分散均匀。催化剂装填好后，在催化剂床顶要安放固定栅条或一层重的惰性物质，以防止由高速气体引起催化剂的移动。

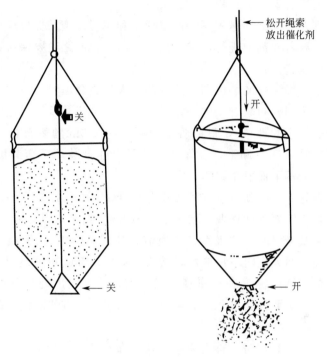

图 3-23　装填催化剂的一种料斗

四、固定床催化剂的装填操作要点

1. 固定床反应器中催化剂更换的时机

催化剂投入生产后，催化剂能够使用多长时间，即寿命多长呢？工业催化剂的寿命随种类不同而不同。催化剂并非在任何情况下都追求尽可能长的使用寿命，事实上恰当的寿命和适时的作废，往往牵涉很多技术经济问题。例如，运转晚期带病操作的催化剂，如果带来工艺状况恶化甚至设备破损，延长其操作周期便得不偿失。催化剂更换时机的判定一般从以下几方面进行：

① 检测固定床反应器中产品浓度是否达到工艺要求。

② 检测催化剂床层阻力，若阻力过大，则说明催化剂颗粒破碎较严重。

③ 对于放热反应，还可通过催化剂层中热点温度（即催化剂层中温度最高的温度）来判定。催化剂更换与否，应综合考虑。若催化剂能达到上述几点要求，说明催化剂还可继续使用；达不到要求，则可立即更换，或通过改变一定的工艺条件，维持生产，待条件允许再更换催化剂。

2. 固定床反应器中催化剂装填的步骤

（1）地面上的操作程序　按催化剂装填方案，在指挥的统一协调下，将桶装催化剂放在反应器附近的水泥地面上，用人力和铲车将桶装催化剂放置在磅秤上进行称量，并由专人记录，然后用人力将催化剂装入地面的送料斗中（送料斗内事先要放入一块 600mm×

1000mm 的木板，防止催化剂碰碎），用吊车或电动葫芦将送料斗提升至反应器顶部的装填料斗。整个装填过程，应定期检查催化剂的质量，并采样留存。

缓慢打开送料斗底部插板将催化剂卸入反应器顶部装填料斗。卸完催化剂后，用吊车送至地面后，再重复进行下一个过程。

（2）反应器顶部及内部的操作程序　放下梯子和照明设施，保持反应器内的亮度适于装剂人员进行操作，随着装剂的进行，梯子离反应器的料面距离要保持适当的高度，便于作业人员替换和工作检查。

按照技术人员事先标注好的装填图尺寸，装剂人员将装填料斗下方滑网后的金属装料管逐节紧固连接（若采用帆布软管，则一定要绑结实，且帆布软管要足够长，随着料面的上升，可用剪刀剪去多余的部分），最后管下面装长约 1.5m 的帆布管，根据催化剂料面上升的情况，金属短管可逐节卸下，以保持适当的催化剂装填下落高度，帆布管必须充满，防止催化剂从高处落下而发生破碎。

在反应器顶部备好专用的新鲜空气呼吸设备两套，备好常用工具一套、救生用的救生绳及救生用品等，如果需要夜间作业，要备好手电等照明工具。

两名装剂人员佩戴新鲜空气呼吸设备、通信工具（对讲机）、手套、劳保鞋、专用连体服及腰部绑安全绳，两人同时下反应器，检查反应器内部帆布管上配置的滑阀和滑阀下面连接的帆布管离装料面的高度和帆布管的松紧度，检查内部划线分层的清晰度和准确度。当反应器内操作人员要停止催化剂装填时，可以用一个方便的钢卡或软绳将帆布管口卡住。

反应器内的装剂人员装剂时，首先紧紧抓住帆布软管的下端，使软管内充满催化剂。装剂人员应避免直接站在催化剂料面上，应站在一块 500mm×500mm 的木板上，以减少催化剂破碎。帆布软管内流出的催化剂要环绕反应器的整个横截面均匀布满，不能简单地将催化剂倾倒在料面的中部。一人装填催化剂时，另一人用木制耙子耙平催化剂料面，使其均匀地散开，避免任何局部堆积超过 100mm。此外，还应特别注意热电偶套管和反应器壁周围催化剂的分布，以保证良好的装填，防止开工后在该处产生沟流。装剂人员应在催化剂表面放的木板上行走［木板 500mm×（1000～1500）mm］，尽量减少催化剂的受压粉碎。每装填几料斗后，催化剂的表面要仔细耙平，并测量高度，技术人员要计算装填密度，及时与装填图对照。当催化剂的水平面距帆布软管的底部距离小于 400mm 时，剪短帆布软管，继续进行催化剂装填，此时要注意清除反应器内全部帆布碎屑。当催化剂料面到达升气盘约 900mm 处，须用木把将催化剂推向四周，形成凹形面，以利于催化剂床层尽可能装满。典型的装填速度约为 2～2.5m^3/（20～25min），装填速度太快会造成催化剂装填密度过小，同时会产生大量静电。

在反应器内部装剂期间，要随时把多余的梯子、通风管、照明电线移出反应器。

反应器封盖：①反应器封大盖前，要确认无任何器具遗留在反应器内。②拆除料座，将其他各种物品收拾干净、归位。③反应器封大盖前，要对金属垫圈和法兰沟槽密封面进行仔细的检查清扫，做到完好、洁净。封大盖时，技术人员在现场做好指导，严格按照封装要求把紧法兰，用卡尺检查，防止偏移。

（3）安全措施、要求及注意事项

① 确认反应器按要求隔离，达到安全条件。

② 装剂人员必须穿好连体服，佩戴好新鲜空气呼吸设备、防护眼镜、手套，穿好劳保鞋。尽量避免与催化剂直接接触，系好保险绳。

③ 反应器严格按规定进行"三气"分析，进反应器作业人员必须持有受限空间作业证。只要反应器内有人作业，就必须保证通入新鲜的压缩空气。

④ 反应器内作业人员与守候在反应器顶的监护人员要用声音、目视和对讲机等方式随时保持联络。下反应器作业人员每次两人，每次作业时间 30min。

⑤ 在吊斗运输催化剂过程中，底部及周围区域严禁站人。

⑥ 现场配备有医务救护人员及担架、人工呼吸器等救生设备。

⑦ 有关负责人、技术人员要记录当日催化剂装填报告和催化剂装填记录表。

催化剂装填示意图如图 3-24 所示。帆布管袋与反应器入口处人孔的装填料斗相连，通过管袋把催化剂卸到床层表面。用这种方法装填小条催化剂，在床层中不会处于稳定的水平状态，而是呈各种水平和垂直状态堆积。由于小条催化剂处于不规则的乱堆状态，因而造成催化剂架桥，并在催化剂颗粒之间产生一些无用的空隙，在反应器操作过程中可能出现坍塌现象，使催化剂床层高度收缩，床层密度变大，除了不能使反应器容积得到充分利用外，还会缩短运转周期，影响产品质量。

此外，在装填过程中还要求操作人员携带呼吸器穿分重鞋进入反应器，使催化剂分布

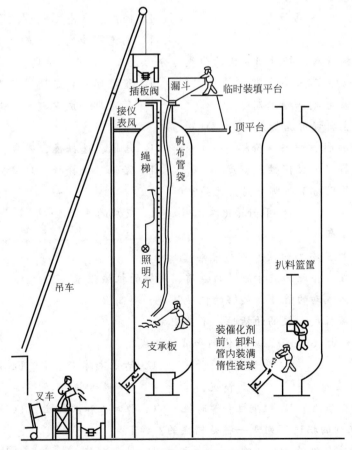

图 3-24　催化剂装填示意图

均匀。这种方法的优点除了费用少、成本低外，用这种方法装填催化剂的反应器能够承受含颗粒物较多的原料。尽管如此，目前这种方法在炼油厂已很少采用。

学习检测

一、选择题

1. 按（　　）分类，一般催化剂可分为过渡金属催化剂、金属氧化物催化剂、硫化物催化剂、固体酸催化剂等。

A. 催化反应类型　　　B. 催化材料的成分　　C. 催化剂的组成　　　D. 催化反应相态

2. 把暂时中毒的催化剂经过一定方法处理后，恢复到一定活性的过程称为催化剂的（　　）。

A. 活化　　　　　　B. 燃烧　　　　　　　C. 还原　　　　　　　D. 再生

3. 把制备好的钝态催化剂经过一定方法处理后，变为活泼态的催化剂的过程称为催化剂的（　　）。

A. 活化　　　　　　B. 燃烧　　　　　　　C. 还原　　　　　　　D. 再生

4. 催化剂按形态可分为（　　）。

A. 固态、液态、等离子态　　　　　　　B. 固态、液态、气态、等离子态

C. 固态、液态　　　　　　　　　　　　D. 固态、液态、气态

5. 催化剂的活性随运转时间变化的曲线可分为（　　）三个时期。

A. 成熟期—稳定期—衰老期　　　　　　B. 稳定期—衰老期—成熟期

C. 衰老期—成熟期—稳定期　　　　　　D. 稳定期—成熟期—衰老期

6. 催化剂的主要评价指标是（　　）。

A. 活性、选择性、状态、价格　　　　　B. 活性、选择性、寿命、稳定性

C. 活性、选择性、环保性、密度　　　　D. 活性、选择性、环保性、表面光洁度

7. 催化剂的作用与下列哪个因素无关？（　　）

A. 反应速率　　　　B. 平衡转化率　　　C. 反应的选择性　　D. 设备的生产能力

8. 催化剂须具有（　　）。

A. 较高的活性、添加简便、不易中毒

B. 较高的活性、合理的流体流动的性质、足够的机械强度

C. 合理的流体流动的性质、足够的机械强度、耐高温

D. 足够的机械强度、较高的活性、不易中毒

9. 催化剂一般由（　　）、助催化剂和载体组成。

A. 黏结剂　　　　　B. 分散剂　　　　　　C. 活性主体　　　　　D. 固化剂

10. 催化剂中毒有（　　）两种情况。

A. 短期性和长期性　B. 短期性和暂时性　　C. 暂时性和永久性　　D. 暂时性和长期性

11. 关于催化剂的描述下列哪一种是错误的？（　　）

A. 催化剂能改变化学反应速率　　　　　B. 催化剂能加快逆反应的速率

C. 催化剂能改变化学反应的平衡　　　　D. 催化剂对反应过程具有一定的选择性

12. 使用固体催化剂时一定要防止其中毒，中毒后其活性可以重新恢复的中毒是（　　　）。

A. 永久中毒　　　　　B. 暂时中毒　　　　　C. 炭沉积　　　　　D. 钝化

13. 下列叙述中不是催化剂特征的是（　　　）。

A. 催化剂的存在能提高化学反应热的利用率

B. 催化剂只缩短达到平衡的时间，而不能改变平衡状态

C. 催化剂参与催化反应，但反应终了时，催化剂的化学性质和数量都不发生改变

D. 催化剂对反应的加速作用具有选择性

14. 原料转化率越高，可显示催化剂的（　　　）越大。

A. 活性　　　　　　　B. 选择性　　　　　　C. 寿命　　　　　　D. 稳定性

二、判断题

1. 催化剂的活性只取决于催化剂的化学组成，而与催化剂的表面积和孔结构无关。（　　　）

2. 催化剂颗粒粒径越小，其比表面积越大。（　　　）

3. 催化剂的生产能力常用催化剂的空时收率来表示，所谓的空时收率就是单位时间单位催化剂（单位体积或单位质量）上生成目的产物的数量。（　　　）

4. 催化剂的使用寿命主要由催化剂活性曲线的稳定期决定。（　　　）

5. 催化剂的性能指标主要包括比表面积、孔体积和孔体积分布。（　　　）

6. 催化剂的中毒可分为可逆中毒和不可逆中毒。（　　　）

7. 催化剂可以改变反应途径，所以体系的始末态也发生了改变。（　　　）

8. 催化剂可以是固体，也可以是液体或气体。（　　　）

9. 催化剂能同等程度地降低正、逆反应的活化能。（　　　）

10. 催化剂是一种能改变化学反应速率，而其自身的组成、质量和化学性质在反应前后保持不变的物质。（　　　）

11. 催化剂只能改变反应达到平衡的时间，不能改变平衡的状态。（　　　）

12. 催化剂中的各种组分对化学反应都有催化作用。（　　　）

13. 催化剂中毒后经适当处理可使催化剂的活性恢复，这种中毒称为暂时性中毒。

（　　　）

14. 固体催化剂的组成主要包括活性组分、助催化剂和载体。（　　　）

15. 固体催化剂使用载体的目的在于使活性组分有高度的分散性，增加催化剂与反应物的接触面积。（　　　）

16. 能加快反应速率的催化剂为正催化剂。（　　　）

任务三　固定床反应器操作

任务目标

① 能按规范进行固定床反应器装置的操作；

② 熟悉固定床反应器操作的要点；

③ 能对固定床反应器进行基础维护。

任务指导

为了确保生产顺利、安全、有序地进行，要对固定床反应器进行日常维护。固定床反应器在生产过程中有一些共性操作，针对不同的工况，熟悉固定床反应器的操作要点，以便更快适应生产操作。

知识链接

知识点一 固定床反应器的操作要点

一、开车前的准备工作

① 熟悉设备的结构、性能，并熟悉设备操作规程。
② 检查所有设备、管道、阀门试压合格，清洗吹扫干净，符合安全要求。
③ 所有温度、流量、压力、液位等仪表要正确无误。
④ 生产现场包括主要通道无杂物乱堆乱放，符合安全技术的有关规定。
⑤ 检查燃料气、燃料油、动力空气、水蒸气、冷冻盐水、循环水、电、生产原料等符合要求，处于备用状态。

二、正常开车

① 投运公用工程系统、仪表和电气系统。
② 通入氮气置换反应系统。
③ 按工艺要求先对床层升温直至合适温度，进行催化剂的活化。
④ 逐渐通入气体物料，适时打开换热系统，按要求控制好反应温度。
⑤ 调节反应原料气流量、反应器操作压力、操作温度到规定值。
⑥ 反应运行中，随时做好相应记录，发现异常现象时及时采取措施。

三、正常停车

① 减小负荷，关小原料气量，调节换热系统。
② 关闭原料气。打开放空系统，改通氮气，充氮气。
③ 钝化催化剂，降温，卸催化剂。
④ 关闭各种阀门、仪表、电源。

知识点二 固定床反应器的维护与保养

一、常见故障及处理方法

固定床催化反应器常见的故障有温度偏高或者偏低、压力偏高或者偏低、进料管或者出料管被堵塞等。当温度偏高时可以增大移热速率或减小供热速率，当温度偏低时可减小移热速率或增大供热速率。压力与温度关系密切，当压力偏高或者偏低时，可通过温度调节，或改变进出口阀开度；当压力超高时，打开固定床反应器前后放空阀。当加热剂阀或冷却剂阀卡住时，打开蒸汽或冷却水旁路阀；当进料管或出料管被堵塞时，用蒸汽或者氮气吹扫等。

固定床催化反应器的常见故障、原因分析及操作处理方法见表3-1。

表3-1　固定床催化反应器的常见故障、原因分析及操作处理方法

序号	异常现象	原因分析及判断	操作处理方法
1	炉顶温度波动	①燃料波动 ②仪表失灵 ③烟囱挡板滑动至炉膛负压波动 ④蒸汽流量波动 ⑤喷嘴局部堵塞 ⑥炉管破裂（烟囱冒黑烟）	①调节并稳定燃料供应压力 ②检查仪表，切换手控 ③调整挡板至正常位置 ④调节并稳定流量 ⑤清理堵塞喷嘴后，重新点火 ⑥按事故处理，不正常停车
2	一段反应器进口温度波动	①物料量波动 ②过热水蒸气波动 ③仪表失灵	①调整物料量 ②调整并稳定水蒸气过热温度 ③检修仪表，切换手控
3	反应器压力升高	①催化剂固定床阻力增加 ②水蒸气流量加大 ③进口管堵塞 ④盐水冷凝器出口冻结	①检查床层催化剂烧结或粉碎，限期更换 ②调整流量 ③停车清理，疏通管道 ④调节或切断盐水解冻，严重时用水蒸气冲刷解冻
4	火焰突然熄灭	①燃料气或燃料油压力下降 ②燃料中含有大量水分 ③喷嘴堵塞 ④管道或过滤器堵塞	①调整压力或按断燃料处理 ②油储罐放存水后重新点火 ③疏通喷嘴 ④清洗管道或过滤器
5	炉膛回火	①烟挡板突然关闭 ②熄火后，余气未抽净又点火 ③炉膛温度偏低 ④炉顶温度仪表失灵 ⑤燃料带水产重	①调节挡板开启角度并固定 ②抽净余气，分析合格后，再点火 ③提高炉膛温度 ④检查仪表 ⑤排净存水

二、维护要点

1. 生产期间维护

要严格控制各项工艺指标，防止超温、超压运行，循环气体应控制在最佳范围，应特别注意有毒气体含量不得超过指标。升、降温度及升、降压力速率应严格按规定执行。调节催化剂层温度，不能过猛，要注意防止气体倒流。定期检查设备各连接处及阀门管道等，消除跑、冒、滴、漏及振动等不正常现象。在操作、停车或充氮气期间均应检查壁温，严禁塔壁超温。运行期间不得进行修理工作，不许带压紧固螺栓，不得调整安全阀，按规定定期校验压力表。主螺栓应定期加润滑剂，其他螺栓和紧固件也应定期涂防腐油脂。

2. 停车期间维护

无论短期停产还是长期停产，都需要进行以下维护：

① 检查和校验压力表。

② 用超声波检测厚度仪器测定与容器相连接管道、管件的壁厚。

③ 检查各紧固件有无松动现象；检查反应器外表面、防腐层是否完好，对表面的锈蚀情况（深度、分布位置），要绘制简图予以记载。

④ 短期停车时，反应器必须保持正压，防止空气流入烧坏催化剂。

⑤ 长期停车检修，还必须做定期检修停反应器所做的各项检查。

学习检测

1. 固定床反应器开车前的准备有哪些？

2. 固定床反应器的停车期间维护工作有哪些？

任务四　固定床反应器仿真操作

任务目标

① 能操作固定床反应器的仿真系统；

② 熟悉催化加氢脱乙炔的工艺；

③ 能对催化加氢脱乙炔的工艺进行运行与监控；

④ 能发现运行中的异常现象，并进行处理。

任务指导

乙苯气相催化脱氢制苯乙烯基本上采用绝热式脱氢反应器。下面以乙苯脱氢制苯乙烯反应器为例学习绝热式固定床反应器的操作与控制。

知识链接

知识点一　技术交底

微课扫一扫

固定床反应器
工艺技术分析

一、工艺说明

本流程为利用催化加氢脱乙炔的工艺。乙炔是通过等温加氢反应器除掉的，反应器温度由壳侧中冷剂温度控制。主反应为 $nC_2H_2 + 2nH_2 \longrightarrow (C_2H_6)_n$，该反应是放热反应。1g 乙炔反应后放出的热量约为 34000kcal（1kcal＝4186J）。温度超过 66℃时，有副反应 $2nC_2H_4 \longrightarrow (C_4H_8)_n$，该反应也是放热反应。

冷却介质为液态丁烷，通过丁烷蒸发带走反应器中的热量，丁烷蒸气通过冷却水冷凝。

反应原料分两股，一股为约 $-15℃$ 的以 C_2 为主的烃原料，进料量由流量控制器 FIC1425 控制；另一股为 H_2 与 CH_4 的混合气，温度约 $10℃$，进料量由流量控制器 FIC1427 控制。FIC1425 与 FIC1427 为比值控制，两股原料按一定比例在管线中混合后经原料气/反应气换热器（EH423）预热，再经原料气预热器（EH424）预热到 $38℃$，进入固定床反应器（ER424A/B）。预热温度由温度控制器 TIC1466 通过调节预热器 EH424 加热蒸汽（S_3）的流量来控制。

ER424A/B 中的反应原料在 $2.523MPa$、$44℃$ 下反应生成 C_2H_6。当温度过高时会发生 C_2H_4 聚合生成 C_4H_8 的副反应。反应器中的热量由反应器壳侧循环的加压 C_4 冷剂蒸发带走。C_4 蒸气在冷凝器 EH429 中由冷却水冷凝，而 C_4 冷剂的压力由压力控制器 PIC1426 通过调节 C_4 蒸气冷凝回流量来控制，从而保持 C_4 冷剂的温度。

固定床反应器装置系统工艺流程见图 3-25。

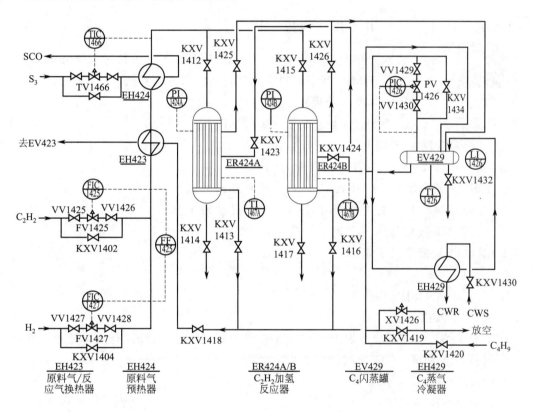

图 3-25　固定床反应器装置系统工艺流程

二、本单元复杂控制回路说明

FFI1427：为一比值调节器。根据 FIC1425（以 C_2 为主的烃原料）的流量，按一定的比例，相应地调整 FIC1427（H_2）的流量。

比值调节：工业上为了保持两种或两种以上物料的比例为一定值而进行的调节叫比值调节。对于比值调节系统，首先是要明确哪种物料是主物料，而另一种物料按主物料来配比。在本单元中，FIC1425（以 C_2 为主的烃原料）为主物料，而 FIC1427（H_2）的量是随主物料（C_2 为主的烃原料）的量的变化而改变。

三、设备一览

EH423：原料气/反应气换热器。

EH424：原料气预热器。

EH429：C_4 蒸气冷凝器。

EV429：C_4 闪蒸罐。

ER424A/B：C_2H_2 加氢反应器。

知识点二　操作规程

微课扫一扫

固定床反应器
冷态开车

一、开车操作规程

装置的开工状态为反应器和闪蒸罐都处于已进行过氮气冲压置换后，保压在 0.03MPa 状态。可以直接进行实气冲压置换。

1. EV429 闪蒸罐充丁烷

① 确认 EV429 压力为 0.03MPa。

② 打开 EV429 回流阀 PV1426 的前后阀 VV1429、VV1430。

③ 调节 PV1426（PIC1426）阀开度为 50%。

④ EH429 通冷却水，打开 KXV1430，开度为 50%。

⑤ 打开 EV429 的丁烷进料阀门 KXV1420，开度为 50%。

⑥ 当 EV429 液位到达 50% 时，关进料阀 KXV1420。

2. ER424A 反应器充丁烷

（1）确认事项

① 反应器 0.03MPa 保压。

② EV429 液位到达 50%。

（2）充丁烷　打开丁烷冷剂进 ER424A 壳层的阀门 KXV1423，有液体流过，充液结束；同时打开出 ER424A 壳层的阀门 KXV1425。

3. ER424A 启动

（1）启动前准备工作

① ER424A 壳层有液体流过。

② 打开 S_3 蒸汽进料控制 TIC1466，开度为 30%。

③ 调节 PIC1426 设定，压力控制设定在 0.4MPa，投自动。

（2）ER424A 充压、实气置换

① 打开 FIC1425 的前后阀 VV1425、VV1426 和 KXV1412。

② 打开阀 KXV1418，开度为 50%。

③ 微开 ER424A 出料阀 KXV1413，乙炔进料控制 FIC1425（手动），慢慢增加进料，提高反应器压力，充压至 2.523MPa。

④ 慢开 ER424A 出料阀 KXV1413 至 50%，充压至压力平衡。

⑤ 乙炔原料进料控制 FIC1425 设自动，设定值 56186.8kg/h。

（3）ER424A 配氢，调整丁烷冷剂压力

① 稳定反应器入口温度在 38.0℃，投自动，使 ER424A 升温。

② 当反应器温度接近 38.0℃（超过 35.0℃），准备配氢。打开 FV1427 的前后阀 VV1427、VV1428。

③ 氢气进料控制 FIC1427 设自动，流量设定 80kg/h。

④ 观察反应器温度变化，当氢气量稳定 2min 后，FIC1427 设手动。

⑤ 缓慢增加氢气量，注意观察反应器温度变化。

⑥ 氢气流量控制阀开度每次增加不超过 5%。

⑦ 氢气量最终加至 200kg/h 左右，此时 $H_2/C_2H_2 = 2.0$，FIC1427 投串级。

⑧ 控制反应器温度 44.0℃ 左右。

二、正常操作规程

1. 正常工况下工艺参数

① 氢气流量 FIC1427 稳定在 200kg/h 左右。

② FIC1425 设自动，设定值 56186.8kg/h，FIC1427 设串级。

③ PIC1426 压力控制在 0.4MPa。

④ 反应器 ER424A 压力 PI1424A 控制在 2.523MPa。

⑤ TIC1466 设自动，设定值 38.0℃。

⑥ 反应器温度 TI1467A：44.0℃。

⑦ EV429 液位 LI1426 为 50%。

⑧ EV429 温度 TI1426 控制在 38.0℃。

2. ER424A 与 ER424B 间切换

① 关闭氢气进料。

② ER424A 温度下降低于 38.0℃ 后，打开 C_4 冷剂进 ER424B 的阀 KXV1424、KXV1426，关闭 C_4 冷剂进 ER424A 的阀 KXV1423、KXV1425。

③ 开 C_2H_2 进 ER424B 的阀 KXV1415，微开 KXV1416。关 C_2H_2 进 ER424A 的阀 KXV1412。

3. ER424B 的操作

ER424B 的操作与 ER424A 操作相同。

三、停车操作规程

1. 正常停车

① 关闭氢气进料，关 VV1427、VV1428，FIC1427 设手动，设定值 0%。

② 关闭预热器 EH424 蒸汽进料，TIC1466 设手动，开度 0%。

③ 闪蒸罐冷凝回流控制 PIC1426 设手动，开度 100%。

④ 逐渐减少乙炔进料阀 FV1425，开大 EH429 冷却水进料阀 KXV1430。

⑤ 逐渐降低反应器温度、压力，至常温、常压。

⑥ 逐渐降低闪蒸罐温度、压力，至常温、常压。

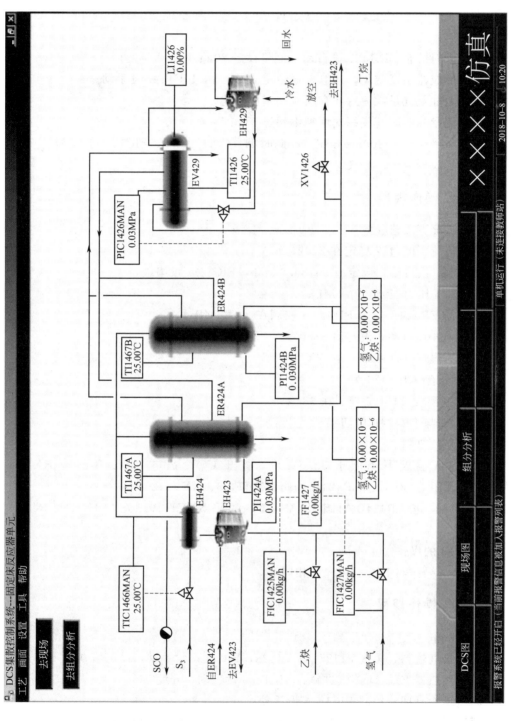

图 3-26　固定床工艺仿真 DCS 界面

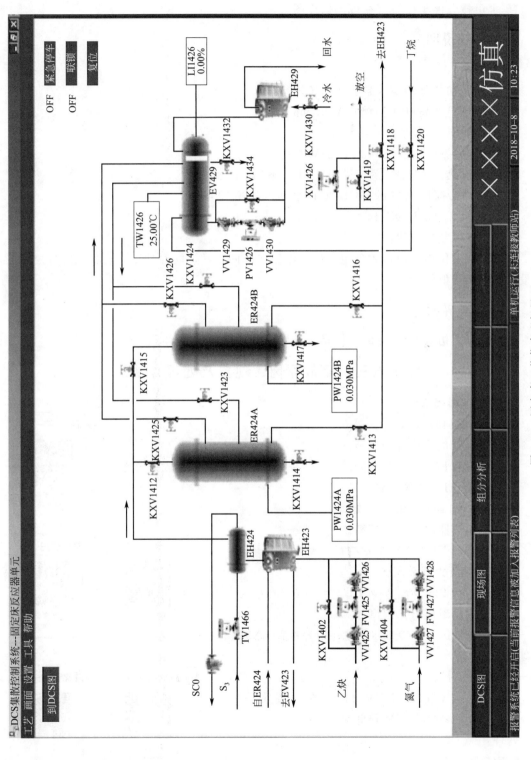

图 3-27　固定床工艺仿真现场界面

2. 紧急停车

① 与停车操作规程相同。

② 也可按急停车按钮（在现场操作图上）。

四、联锁说明

1. 联锁源

① 现场手动紧急停车（紧急停车按钮）。

② 反应器温度高报（TI1467A/B＞66℃）。

2. 联锁动作

① 关闭氢气进料，FIC1427 设手动。

② 关闭预热器 EH424 蒸汽进料，TIC1466 设手动。

③ 闪蒸罐冷凝回流控制 PIC1426 设手动，开度 100％。

④ 自动打开电磁阀 XV1426。

该联锁有一复位按钮。

注意：在复位前，应首先确定反应器温度已降回正常，同时处于手动状态的各控制点的设定应设成最低值。

五、仿真界面

固定床工艺仿真 DCS 界面、仿真现场界面分别见图 3-26 和图 3-27。

知识点三　事故原因、现象及处理方法

1. 氢气进料阀卡住

原因：FIC1427 卡在 20％处。

现象：氢气量无法自动调节。

处理：降低 EH429 冷却水的量；用旁路阀 KXV1404 手工调节氢气量。

微课扫一扫

氢气进料
阀卡住

2. 预热器 EH424 阀卡住

原因：TIC1466 卡在 70％处。

现象：换热器出口温度超高。

处理：增加 EH429 冷却水的量；减少配氢量。

3. 闪蒸罐压力调节阀卡

原因：PIC1426 卡在 20％处。

现象：闪蒸罐压力，温度超高。

处理：增加 EH429 冷却水的量；用旁路阀 KXV1434 手工调节。

微课扫一扫

预热器 EH424
阀卡住

微课扫一扫

闪蒸罐压力
调节阀卡住

4. 反应器漏气

原因：反应器漏气，KXV1414 卡在 50％处。

现象：反应器压力迅速降低。

处理：停工。

5. EH429 冷却水停

原因：EH429 冷却水供应停止。

微课扫一扫

固定床反
应器漏气

微课扫一扫

EH429
冷却水停

现象:闪蒸罐压力,温度超高。

处理:停工。

6. 反应器超温

微课扫一扫

固定床反
应器超温

原因:闪蒸罐通向反应器的管路有堵塞。

现象:反应器温度超高,会引发乙烯聚合的副反应。

处理:增加 EH429 冷却水的量。

学习检测

单选题

1. 本单元的热载体是 (　　)。

A. 丁烷　　　　　　B. 乙烯　　　　　　C. 乙炔　　　　　　D. 水　　　　　　E. 蒸汽

2. 本单元仿真装置的反应温度由壳侧中的冷剂 (热载体) 控制在 (　　)℃。

A. 40　　　　　　　B. 44　　　　　　　C. 50　　　　　　　D. 80

3. 固定床反应器的正确定义:(　　)。

A. 流体通过静态固体颗粒形成的床层而进行化学反应的设备

B. 固定的反应器

C. 与固体进行化学反应的设备

D. 固体通过静态固体颗粒形成的床层而进行化学反应的设备

4. 炔烃浓度对催化剂反应性能有重要的影响,反应量大,若不能及时移走热量 (　　)。

A. 会加剧副反应的进行　　　　　　　　B. 无所谓的

C. 会是催化剂表面结焦　　　　　　　　D. 会使乙烯产品产量提高

5. 氢烃比理论值是 (　　)。

A. 1　　　　　　　　B. 2　　　　　　　　C. 3　　　　　　　　D. 4

6. 一般采用的氢烃比是 (　　)。

A. 1.2~2.5　　　　 B. 1.2~3.5　　　　 C. 2.2~2.5　　　　 D. 3.2~5.5

7. 本单元富氢进料流量控制在 (　　)。

A. 100t/h　　　　　B. 200t/h　　　　　C. 300t/h　　　　　D. 400t/h

8. 本单元乙炔进料流量控制在 (　　)。

A. 56186t/h　　　　B. 66186t/h　　　　C. 76186t/h　　　　D. 86186t/h

9. 为什么本装置设置联锁?(　　)

A. 为了生产运行安全　　B. 为了操作方便　　C. 为了防火　　　　D. 没有必要

10. 反应器压力迅速降低,可能原因是 (　　)。

A. 反应器漏气　　　 B. 氢气进料停止　　 C. 冷却出现问题　　 D. 原料供给超标

11. 固定床反应器单眼所采用的后加氢工艺与前加氢相比的技术特点是 (　　)。

A. 工艺流程简单　　 B. 能量消耗低　　　 C. 乙烯收率高　　　 D. 设备费用低

12. 本单元选用的反应器是 (　　)。

A. 对外换热式气-固相催化反应器　　　　B. 对外换热式气-固相非催化反应器

C. 绝热式气-固相催化反应器　　　　　　D. 绝热式气-固相非催化反应器

13. 反应器温度控制在44℃左右是因为（　　　）。

A. 在此温度下平衡常数 K_p 最大　　　　B. 在此温度下反应速率常数 K 最大

C. 在此温度下催化剂活性最大

D. 此温度是综合考虑平衡常数 K_p、化学反应速率及选择性后确定的最佳反应温度

14. 固定床反应器单元中固定床反应器壳侧中冷却剂选择（　　　）。

A. 乙烯　　　　　B. 乙炔　　　　　C. 丁烷　　　　　D. 水　　　　　E. 蒸汽

15. 以下（　　　）是固定床反应器的特点。

A. 气体流动的形式接近理想置换流型　　B. 气体流动的形式接近理想混合流型

C. 传热性能好，床层温度均匀　　　　　D. 催化剂易磨损

16. 在固定床反应器单元中，下列操作不属于紧急停车的联锁动作的是（　　　）。

A. 氢气进料 FIC1427 手动关闭

B. C_4 蒸气冷凝器 EH429 冷却水 KXV1430 全开

C. 自动打开电磁阀 XV1426

D. 预热器 EH424 蒸汽进料 TIC1466 手动关闭

17. 在其他指标适宜条件下，下列操作可使反应温度有所提高的是（　　　）。

A. 手动关小 FIC1427　　　　　　　　　B. 手动关小 PIC1426

C. 手动关小 TIC1466　　　　　　　　　D. 手动打大 KXV1430

18. 在固定床反应器单元中，反应器中的热量移出方式是（　　　）。

A. 由加压 C_4 冷剂温差变化带走　　　　B. 由加压 C_4 冷剂蒸发带走

C. 由冷却水蒸发带走　　　　　　　　　D. 由冷却水温差变化带走

19. 固定床反应器冷态开车时对系统充氮气的目的是（　　　）。

A. 对系统进行压力测试　　　　　　　　B. 增大系统压力提高 K_p

C. 排除体系中易燃易爆气体确保安全操作　　D. 提高目的产物收率

20. 相对流化床来说，固定床反应器的特点有：（　　　）。

A. 反应速率较快　　B. 适于高温高压　　C. 床层传热差　　D. 都有

21. 紧急停车时，应首先关闭的是（　　　）。

A. 乙炔进料阀　　　B. 氢气进料阀　　　C. 预热器加热蒸汽　　D. 冷却水

22. 在固定床反应器单元中 EH429 的作用是（　　　）。

A. 降低反应器 ER424A 的温度　　　　　B. 将丁烷蒸气冷凝为液态丁烷

C. 冷凝乙炔蒸气　　　　　　　　　　　D. 提高 ER424A 的反应速率

23. 在开车前应首先确认 EH429 的压力为（　　　）。

A. 0.03Pa　　　　　B. 0.03MPa　　　　C. 2.523MPa　　　　D. 2.523Pa

24. 蒸气冷凝器的冷却水中断后，不会出现的现象是（　　　）。

A. 闪蒸罐的温度、压力升高　　　　　　B. 反应器超温

C. 原料预热器超温　　　　　　　　　　D. 进料量温度大幅波动

25. 固定床反应器单元的工艺是（　　　）。

A. 催化脱氢制乙炔　　B. 催化加氢制乙烷　　C. 催化加氢脱乙炔　　D. 催化脱氢制乙烷

26. 固定床反应器单元的产品是（　　）。

A. 聚丙烷 　　　　　　 B. 聚丙烯 　　　　　　 C. 丙烷 　　　　　　 D. 乙烷

27. 固定床反应器单元所涉及的复杂控制是（　　）。

A. 比值控制 　　　　　 B. 分程控制 　　　　　 C. 串级控制 　　　　　 D. 前馈控制

28. 反应器超温故障的处理方法为（　　）。

A. 增加 EH429 冷却水的量 　　　　　　　　 B. 停工

C. 降低 EH429 冷却水的量 　　　　　　　　 D. 增加配氢量

29. 反应器正常停车的步骤是（　　）。

A. 关闭氢气进料、关闭预热器 EH424 蒸汽进料、全开闪蒸罐冷凝回流、逐渐减少乙炔进料

B. 关闭预热器 EH424 蒸汽进料、关闭氢气进料、全开闪蒸罐冷凝回流、逐渐减少乙炔进料

C. 关闭氢气进料、关闭预热器 EH424 蒸汽进料、逐渐减少乙炔进料、全开闪蒸罐冷凝回流

D. 逐渐减少乙炔进料、关闭氢气进料、关闭预热器 EH424 蒸汽进料、全开闪蒸罐冷凝回流

30. EH429 冷却水停，首先将会有（　　）现象。

A. 换热器出口温度超高

B. 闪蒸罐压力，温度超高

C. 反应器温度超高，引发乙烯聚合的副反应

D. 闪蒸罐压力下降，温度超高

31. 换热器 EH424 出口温度超高，可能的原因是（　　）。

A. 氢气量太大 　　　　　　　　　　　　　 B. EH429 冷却水量大

C. 闪蒸罐压力调节阀卡住 　　　　　　　　 D. 原料乙炔过量

32. 当反应器发生严重泄漏事故，应立刻（　　）。

A. 报告上级 　　　　　 B. 迅速逃生 　　　　　 C. 紧急停车 　　　　　 D. 启动备用反应器

33. 如果反应器压力陡降，发现其原因是乙炔进料调节阀卡住，应采取（　　）措施。

A. 紧急停车 　　　　　　　　　　　　　　 B. 用旁路阀 KXV1402 手动调节

C. 启动备用反应器 　　　　　　　　　　　 D. 关闭氢气进料阀

34. 闪蒸罐中的丁烷蒸气是由（　　）冷凝。

A. 四氯化碳 　　　　　 B. 水蒸气 　　　　　 C. 冷却水 　　　　　 D. 氟利昂

35. 反应器温度过高会导致（　　）。

A. 乙烯产量提高 　　　　　　　　　　　　 B. 氢气与乙炔加成为乙烷

C. 氢气与乙炔加成为乙烯 　　　　　　　　 D. 乙烯聚合的副反应

36. 固定床反应器单元中反应器原料气入口温度应控制为（　　）。

A. 38℃ 　　　　　　　 B. 44℃ 　　　　　　　 C. 25℃ 　　　　　　　 D. 40℃

阅读材料

我国固定床钴基费托技术达到国际先进水平

2021 年 12 月，中国石油和化学工业联合会在北京组织专家对国家能源集团北京低碳清洁能源研究院开发的"富产高熔点蜡的固定床钴基费托合成催化剂与 300 吨/年中试"技术进行科技成果鉴定。鉴定委员会一致认为，国家能源集团低碳院开发的固定床钴基费托合成技术成果创新性强、技术处于国际先进水平，应用前景广阔，建议加快推广应用。

"富产高熔点蜡的固定床钴基费托合成技术"是国家能源集团低碳院自主开发的一项煤制高附加值化学品的新技术，是针对煤化工技术"高端化、多元化、低碳化"路线科研攻关的最新成果。该项技术不仅适合大规模煤炭原料的高附加值转化与利用，而且适合小规模的焦炉气、电石炉尾气、煤层气及生物质基合成气原料的转化。使用该技术生产的高熔点蜡芳烃与金属杂质含量极低（ppb 级），产品满足食品级标准。此类高熔点蜡产品在聚烯烃与 PVC 加工、热熔胶（如 EVA 蜡）、染料、油墨、化妆品、电子及航空航天等领域均有广泛的应用。此外，该高熔点蜡还可以被进一步延伸加工生产风机与重型机械等使用的重质润滑油及食品级白油等产品。技术具有产品附加值高与产业链长的双重优势。

生产该类高熔点蜡的固定床钴基费托合成技术长期被国外公司垄断。国家能源集团低碳院煤化工技术研发团队在新型钴基催化剂和核心反应工艺技术方面进行突破性创新，成功开发出成套技术，实现了催化剂从实验室到工业装置的放大，并在 300 吨/年中试装置上完成了中试验证。中试结果表明该技术吨产品合成气耗量低于 5700Nm^3，粗蜡产品滴熔点高于 110℃，产品中蜡油比大于 5.0。技术核心催化剂在生产过程中抗波动能力强，副产物甲烷选择性低，高熔点蜡选择性高。该项技术在原料利用率、蜡产品选择性和时空收率等关键指标上均达到国际先进水平。

该项技术的研发突破将为我国煤炭、焦炉气等原料的清洁、高效与高附加值利用提供一种新的途径，也将进一步提升我国在煤化工技术领域的综合技术水平。

项目四

流化床反应器操作与控制

流化床反应器的早期应用为 20 世纪 20 年代出现的粉煤气化的温克勒炉。40 年代以后，以石油催化裂化为代表的现代流化技术开始迅速发展。目前，流化床反应器已在化工、石油、冶金、核工业等部门得到广泛应用。通过本项目的学习，了解流化床反应器的分类及基本结构，了解流化现象，能根据流化床反应器的操作参数要求，熟练进行流化床反应器的 DCS 操作及现场工业模拟操作。

▶ 任务一　认识流化床反应器

任务目标

① 了解流化床反应器各装置的作用；
② 了解流化床反应器的特点及应用；
③ 能识别流化床反应器的结构；
④ 能判断流化床反应器常见的异常现象；
⑤ 了解流化床反应过程的传热与传质。

任务指导

流态化技术是一种强化流体（气体或液体）与固体颗粒间相互作用的操作，可使操作连续，生产强化，过程简化。具有传热效率较高、床层温度分布均匀、相间接触面积很大、固体粒子输送方便等优点。流态化的过程与流化床的结构紧密联系，要根据生产任务正确识别流化床反应器及其附属设备。流化床中传质情况影响生产的经济性。

知识链接

知识点一　固体流态化

流化床反应器是将流态化技术应用于流体（通常指气体）、固相化学反应的设备。有气-固相流化床催化反应器和气-固相流化床非催化反应器两种。以一定的流动速率使固体催化剂颗粒呈悬浮湍动，并在催化剂作用下进行化学反应的设备称为气-固相流化床催化反应器（常简称为流化床），它是气-固相催化反应常用的一种反应器。而在气-固相流化床非催化反应器中，是原料气直接与悬浮湍动的固体原料发生化学反应。

微课扫一扫

认识流化床反应器

流体以一定的流速通过固体颗粒组成的床层时，将大量固体颗粒悬浮于运动的流体之中，从而使颗粒具有类似于流体的某些表观特性，这种流体与固体的接触状态称为固体流态化，利用这种流体与固体间的接触方式实现生产过程的操作，称为流态化技术。

但与固定床相比，流化床的主要缺点有：物料返混严重，催化剂磨损大，需要气-固相分离装置，操作气体速度受限。

流化床的不同阶段：当一种流体自底至顶以不同的速度通过反应器中的颗粒床层时，固体颗粒在流体中呈现出不同的状态，根据流体流速的大小，有以下几种情况，见图4-1。

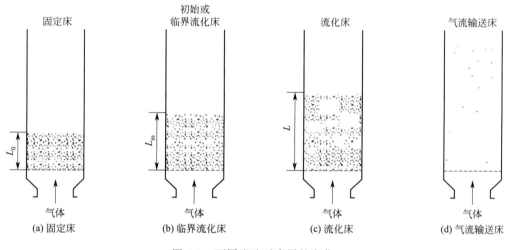

图 4-1　不同流速时床层的变化

1. 固定床阶段

当流体的速度较低时，流体只能穿过静止颗粒之间的空隙而流动，保持固定状态。这种情况称为固定床阶段。

2. 流化床阶段

① 临界流化床阶段　当流体的流速增大到一定程度后，颗粒床层开始松动，床层中的颗粒发生相对运动，床层开始膨胀。当流速继续增大，床层膨胀程度加大，直至床层中的全部颗粒恰好悬浮在流动的流体中（颗粒本身的重力与流体和颗粒之间的摩擦力相等），但颗粒还不能自由地运动。这种情况称为临界流化床阶段，此时流体的速度称为临界流化

速度。

② 流化床阶段 当流体的流速超过临界流化速度，这时反应器中的全部颗粒刚好悬浮在向上流动的流体中而能做随机的运动。流速增大，床层高度随之升高，这种床层称为流化床。

3. 输送床阶段

当流体的流速进一步增大到某一极限值时，固体颗粒不再自由运动，而是随流体运动，被流体从反应器中带出。这种情况称为输送床阶段。

一、流态化操作类型

流态化操作可有多种分类方法，不同的分类方法种类也不一样。

1. 以流化介质分类

可以分为气-固流化床、液-固流化床、三相流化床。

① 气-固流化床 以气体为流化介质。目前应用最为广泛，如各种气-固相反应、流化床燃烧、物料干燥等。

② 液-固流化床 以液体为流化介质。这类流化床问世较早，但不如前者应用广泛，多见于流态化浸取和洗涤、湿法冶金等。

③ 三相流化床 以气、液体两种流体为流化介质。这种床型自 20 世纪 70 年代有报道以来发展很快，在化工和生物化工领域中有较好的应用前景。

2. 以流态化状态分类

可以分为散式流态化和聚式流态化，如图 4-2 所示。

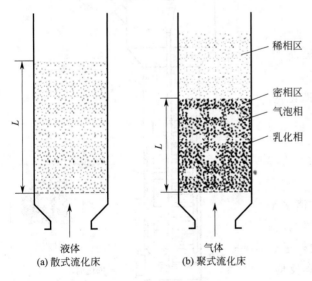

图 4-2 流化床的类型

（1）散式流态化 当流体以足够大的流速流经固体颗粒时，固体颗粒在流体中均匀地、平稳地膨胀，形成一种稳定的、波动小的均匀的床层。这种流态化称为散式流态化。散式流态化有以下特点：①在流化过程中有一个明显的临界流态化点和临界流化速度；②流化床层的压降为一常数；③床层有一个平稳的上界面；④流体流速增大时，也看不到明显的鼓泡或不均匀现象。通常，两相密度差小的系统趋向形成散式流态化，故大多数的液-固流态化为散式流态化。

（2）聚式流态化 当流体为气体时，以超过临界流化速度经过固体颗粒床层时，有一部分气体以气泡形式通过床层，气泡在上升的过程中不断聚集，引起整个床层的波动。上升的气泡把部分颗粒带至床面，气泡随之破裂。整个流化床由于不断地有气泡产生和破裂，床层并不稳定，颗粒也不均匀。这种流态化称为聚式流态化。聚式流态化的特点是：当流速大于临界流化速度后，流体不是均匀地流过颗粒床层，一部分流体不与固体混合就短路流过床层。如气-固系统，气体以气泡形式流过床层，气泡在床层中上升和聚并，引起床层的波动。聚式流化床大多是气-固流化床。

二、流化床操作的优缺点

1. 流化床反应器的优点

① 流化床中可以采用粒径很小的粉末颗粒，并在悬浮状态下与流体接触，流体固体颗粒接触的相界面面积很大，有时高达 $3280\sim16400m^2/m^3$，有利于提高非均相反应催化剂的利用率。

② 由于流体和固体颗粒在流化床层内剧烈混合，床层温度分布均匀，可避免局部过热，两相界面更新很快，有利于流体与颗粒之间传热、传质。对于传质控制的化学反应和物理过程非常有效，有利于强放热反应的等温操作。这是许多化学反应选用流化床反应器的重要原因之一。

③ 流化床内的流体和固体颗粒混合物有类似流体的性质，可以方便地把流体-固体颗粒混合物从流化床中移出和引入，并可以在两个流化床之间循环流动。有利于催化剂再生和反应同时进行，使易失活催化剂能在实际生产中得以使用。

④ 单位设备生产能力大，设备结构简单、造价低，符合现代化大生产的需要。

2. 流化床反应器的缺点

① 流化床中流体和颗粒混合物返混严重，使得床内物料停留时间分布不均，导致产品质量下降。另外，由于返混的存在，造成反应速率下降和副反应增加。

② 床内气流不少以气泡的形式通过床层与固体颗粒接触，极大降低气-固接触面积，导致反应速率下降，影响产品质量。

③ 催化剂颗粒的剧烈运动，导致催化剂、管子和反应器磨损严重。

④ 不利于高温操作，由于流化状态需要固体以颗粒的形式存在，如果高温操作，容易使颗粒聚集和黏结。

综上所述，虽然流化床反应器存在诸多缺点，但充分认识问题，改进流化床的结构，流化床的应用也会越来越多。下列情况比较适合采用流化床反应器：热效应很大的化学反应；催化剂对温度比较敏感和需要精确控制反应温度的场所；催化剂寿命比较短，需要频繁更换或活化催化剂的反应；有爆炸危险的反应，如高浓度下操作的氧化反应。流化床反应器一般不适用如下情况：要求高转化率的反应；要求催化剂层有温度分布的反应。

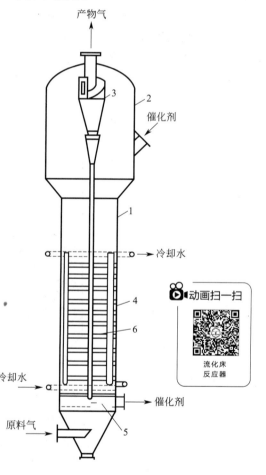

图 4-3　带挡板的单器流化床反应器

1—壳体；2—扩大段；3—旋风分离器；
4—换热管；5—气体分布器；6—内部构件

知识点二　流化床反应器的结构

流化床反应器定义：气体以一定的流速通过催化剂颗粒层时，催化剂颗粒被上升的气流吹呈悬浮翻腾状态，同时反应气体在催化剂表面进行化学反应的设备。

流化床的结构形式较多，但无论什么形式，一般都由流化床反应器主体、气体分布装置、内部构件、换热装置、气-固分离装置等组成。图 4-3 是有代表性的带挡板的单器流化床反应器，这里结合它介绍流化床反应器的结构。

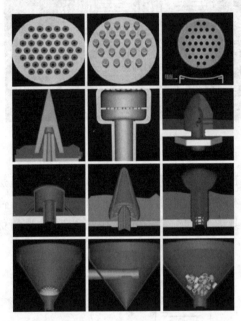

图 4-4　常见气体分布板

一、流化床反应器主体

按床层中的介质密度分布分为浓相段（有效体积）和稀相段，底部设有锥底，有些流化床的上部还设有扩大段，用以增强固体颗粒的沉降。

二、气体分布装置

气体分布装置包括设置在锥底的气体预分布器和气体分布板两部分。其作用是使气体均匀分布，以形成良好的初始流化条件，同时支承固体催化剂颗粒。图 4-4 为常见气体分布板。

三、内部构件

内部构件一般设置在浓相段，主要用来破碎气体在床层中产生的大气泡，增大气-固相间的接触机会；减少返混，从而增加反应速率和提高转化率。内部构件包括挡网、挡板和填充物等。在气流速率较低、催化反应对于产品要求不高时，可以不设置内部构件。不同挡网如图 4-5～图 4-7 所示。

图 4-5　内旋挡网

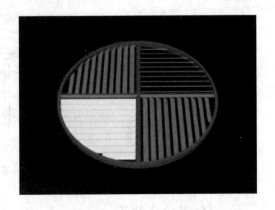

图 4-6　外旋挡网

四、换热装置

换热装置的作用是用来取出或供给反应所需要的热量。由于流化床反应器的传热速率远远高于固定床，因此同样反应所需的换热装置要比固定床中的换热装置小得多。根据需要分为外夹套换热器和内管换热器，也可采用电感加热。

常见的流化床内部换热器如图 4-8 所示。列管式换热器是将换热管垂直放置在床层内密相或床面上稀相的区域中。常用的有单管式和套管式两种，根据传热面积的大小排成一圈或几圈。鼠笼式换热器由多根直立支管与汇集横管焊接而成，这种换热器可以安排较大的传热面积，但焊缝较多。管束式换热器分直列和横列两种，

图 4-7 多旋挡网

但横列的管束式换热器常用于流化质量要求不高而换热量很大的场合，如沸腾燃烧锅炉等。U 形管式换热器是经常采用的种类，具有结构简单、不易变形和损坏、催化剂寿命长、温度控制十分平稳的优点。蛇管式换热器也具有结构简单、不存在热补偿问题的优点，但也存在同水平管束式换热器相类似的问题，即换热效果差，对床层流态化质量有一定的影响。

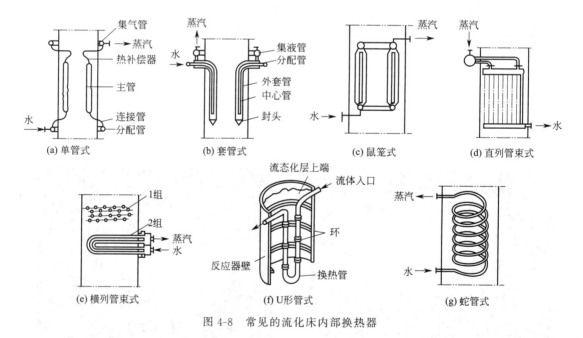

图 4-8 常见的流化床内部换热器

五、气-固分离装置

流化床内的固体颗粒不断地运动，引起粒子间及粒子与器壁间的碰撞而磨损，使上升

气流中带有细粒和粉尘。气-固分离装置用来回收这部分细粒，使其返回床层，并避免带出的粉尘影响产品的纯度。常用的气-固分离装置有旋风分离器和过滤管。

旋风分离器是一种靠离心作用把固体颗粒和气体分开的装置，结构如图4-9所示。含有催化剂颗粒的气体由进气管沿切线方向进入旋风分离器内，在旋风分离器内做回旋运动而产生离心力，催化剂颗粒在离心力的作用下被抛向器壁，与器壁相撞后，借重力沉降到锥底，而气体则由上部排出。为了加强分离效果，有些流化床反应器在设备中把三个旋风分离器串联起来使用，催化剂按大小不同的颗粒先后沉降至各级分离器锥底。

作用：回收上升气流中夹带的细粒和粉尘，并避免带出的粉尘影响产品的纯度。

旋风分离器分离出来的催化剂靠自身重力通过料腿或下降管回到床层，此时料腿出料口有时能进气造成短路，使旋风分离器失去作用。因此在料腿中加密封装置，防止气体进入。密封装置种类很多，如图4-10所示。

双锥堵头是靠催化剂本身的堆积防止气体窜入，当堆积到一定高度时，催化剂就能沿堵头斜面流出。第一级料腿用双锥堵头密封。第二级和第三级料腿出口常用翼阀密封。翼阀内装有活动挡板，当料腿中积存的催化剂的重量超过翼阀对出料口的压力时，此活动板便打开，催化剂自动下落。料腿中催化剂下落后，活动挡板又恢复原样，密封了料腿的出口。翼阀的动作在正常情况下是周期性的，时断时续，故又称断续阀。也有的采用在

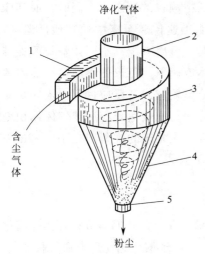

图4-9　旋风分离器结构示意图
1—矩形进口管；2—螺旋状进口管；
3—筒体；4—锥体；5—灰斗

密封头部送入外加的气流，有时甚至在料腿上、中、下处都装有吹气管和测压口，以掌握料面位置和保证细粒畅通。料腿密封装置是生产中的关键，要经常检修，保持灵活好使。

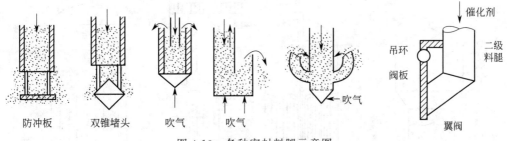

图4-10　各种密封料腿示意图

流化床反应器的结构形式很多，除单器外，还有双器流化床反应器。双器由流化床反应器和流化床再生器组成，多用于催化剂使用寿命较短而容易再生的气-固相催化反应过程，如石油加工中的催化裂化装置，其结构形式参见图4-12(a)。重质油在流化床中的硅铝催化剂上进行吸热的裂化反应，同时发生积炭反应，失活后的积炭催化剂在流化床再生器中用空气与炭进行放热的烧炭反应，再生后的催化剂将烧炭反应热带入反应器，提供裂化所需的热量。

知识点三　流化床反应器的分类

流化床反应器的结构形式很多，一般有以下几种分类方法。

一、按照床层的外形分类

按照流化床床层的外形可分为圆筒形流化床和锥形流化床。圆筒形流化床反应器制造容易，设备容积利用率高，用途较为广泛。锥形流化床反应器的横截面面积随高度变化而变化，表观流速在轴向上存在速度梯度，流体力学行为不同于其他形状的流化床反应器。锥形流化床底部由于横截面积小，流体流速大，可以保证粗颗粒的流态化。同时，底部床层的高流速使颗粒的孔隙率提高，湍动加剧，导致热量能迅速传递至床中的其他低温区，可以防止一般流化床的烧结现象。上部床层流体的低流速，可以减少细小固体颗粒的夹带损失，减少上部分离设备的分离压力。这样在一定的流体流速下，可以使不同粒径的固体颗粒都能在床层中流化，因此，比较适合用在固体粒径分布较宽或者反应过程中固体颗粒会变化的场合。另外，由于锥形流化床反应器的变截面特性，比较适合应用于气体体积增大的反应过程，使流化更趋平稳。对于物理操作过程，锥形流化床的锥角度在 $10°\sim20°$ 为宜；对于化学反应过程，锥形流化床的锥角度在 $3°\sim10°$ 为宜。

二、按照固体颗粒是否在系统内循环分类

按照固体颗粒是否在系统内循环主要分为非循环操作流化床（图 4-11）和循环操作流化床（图 4-12）。非循环操作流化床在工业上应用最为广泛，多用于催化剂使用寿命较长的气-固相催化反应过程，如乙烯氧氯化反应器、萘氧化反应器和乙烯氧化反应器等。循环操作流化床适用于催化剂寿命较短而容易再生的气-固相催化反应过程，如石油炼制工业中的催化裂化装置。在循环操作流化床中，催化剂在反应器和再生器间循环，主要是依靠控制反应器

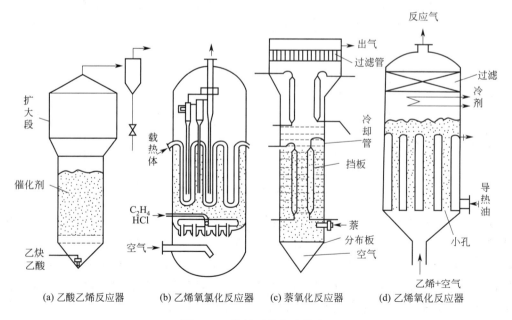

(a) 乙酸乙烯反应器　　(b) 乙烯氧氯化反应器　　(c) 萘氧化反应器　　(d) 乙烯氧化反应器

图 4-11　非循环操作流化床

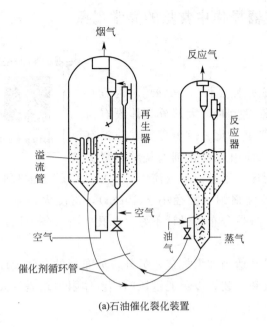

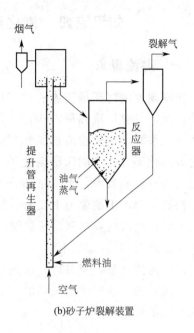

(a)石油催化裂化装置　　　　　(b)砂子炉裂解装置

图 4-12　循环操作流化床

和再生器的密度差，使两器间形成压力差。因为在反应器和再生器间实现了催化剂的循环，所以循环操作流化床可以同时完成催化反应和催化剂再生，实现连续操作。

1. 按照床层中是否设置有内部构件分类

按照床层中是否设置有内部构件可分为自由床和限制床。限制床一般在床层中设置

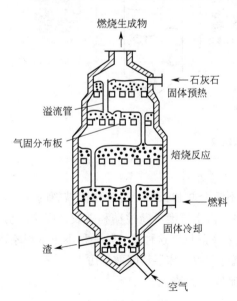

图 4-13　溢流管式多层流化床

挡网、挡板等内部构件来增进气-固接触，减少气体返混，改善气体停留时间分布，提高床层的稳定性。未设置挡网、挡板等内部构件的流化床称为自由床。对于反应速率快、延长接触时间不至于产生严重副反应或对于产品要求不严的催化反应过程，一般可采用自由床，如石油炼制工业的催化裂化反应器便是典型的一例。

2. 按照反应器内层数分类

按照反应器内层数可分为单层流化床和多层流化床。对气-固相催化反应主要采用单层流化床。多层流化床中，气流由下往上通过各段床层，流态化的固体颗粒则沿溢流管从上往下依次流过各层分布板，如用于石灰石焙烧的多层流化床的结构（图 4-13）。

3. 按是否发生催化反应分类

按是否发生催化反应可分为催化流化床反应器和非催化流化床反应器两种。气体或液体使固体催化剂悬浮在床层中，并且发生催化化学反应的设备称为催化流化床反应器，它是气-固相催化反应常用的一种反应器。而在非催化流化床反应器中，是气体或液体直接与悬浮湍动的固体颗粒发生化学反应。

知识点四 流化床反应器操作中常见的异常现象

一、沟流现象

沟流现象的特征是气体通过床层时形成短路[图 4-14(a)]。沟流有两种情况，贯穿沟流和局部沟流。沟流现象发生时，大部分气体没有与固体颗粒很好地接触就通过了床层，过程严重恶化。由于部分颗粒没有流化或流化不好，造成床层温度不均匀，从而引起催化剂的烧结，降低催化剂的寿命和效率。沟流时部分床层为死床，不悬浮在气流中，床层压降较正常时低。

沟流现象产生的原因主要有：颗粒的粒度很细（粒径小于 $40\mu m$），密度大，流体气速很低时；潮湿的物料和易于黏结的物料；气体分布板设计不好（如孔太少或各个风帽阻力大小差别较大），布气不均。

消除沟流现象，应对物料预先进行干燥并适当加大气速，另外，分布板的合理设计也是十分重要的。还应注意风帽的制造、加工和安装，以免通过风帽的流体阻力相差过大而造成布气不均。

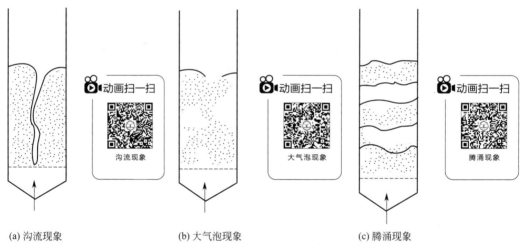

(a) 沟流现象　　　　　　(b) 大气泡现象　　　　　　(c) 腾涌现象

图 4-14　流化床中常见的异常现象

二、大气泡现象

大气泡现象是流化床中生成的气泡在上升过程中不断合并和长大，直到床面破裂的现象，是正常现象[图 4-14(b)]。但是如果床层中大气泡很多，由于气泡不断搅动和破裂，床层波动大，操作不稳定，气-固间接触不好，就会使气-固反应效率降低，这种现象是一种不正常现象，应力求避免。通常床层较高、气速较大时容易产生大气泡现象，床层压降波动厉害。

在床层内加设内部构件可以避免产生大气泡，促使平稳流化。

三、腾涌现象

大气泡状态下继续增大气速，气泡直径变大，直到与床径相等，此时，床层分为几段，变成一段气泡和一段颗粒的相互间隔状态；颗粒层被气泡像活塞一样向上推动，达到一定高度后气泡破裂，引起部分颗粒的分散下落[图 4-14(c)]。腾涌现象发生时，床层的均匀性被破坏，使气-固间接触不良，严重影响产品的产量和质量，并且器壁磨损加剧，引起设备的振动。出现腾涌现象时，由于颗粒层与器壁的摩擦造成压降大于正常值，而气泡破裂时又低于正常值，即压降在理论值上下大幅度波动。一般来说，床层越高、容器直径越小、颗粒越大、气速越高，越容易发生腾涌现象。在床层过高时，可以增设挡板以破坏气泡的长大，避免腾涌现象的发生。

知识点五　流化床反应器中流体的传质

一、流化床中的气泡及其行为

流化床中气体和颗粒在床内的混合是不均匀的。根据研究，不受干扰的单个气泡顶部呈球形，底部略为内凹，如图 4-15 所示。

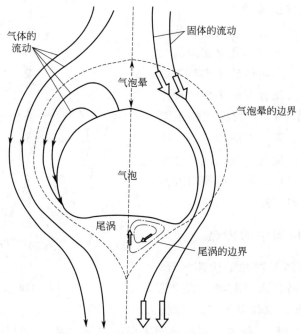

图 4-15　气泡及其周围气体与颗粒运动情况

气体经分布板进入床层后，一部分与固体颗粒混合构成乳化相，另一部分不与固体颗粒混合而以气泡状态在床层中上升，这部分气体构成气泡相。气泡在上升中，因聚并和膨胀而增大，同时不断与乳化相间进行质量交换，即将反应物组分传递到乳化相中，使其在催化剂上进行反应，又将反应生成的产物传到气泡相中来，可见其行为自然成为影响反应结果的一个决定性因素。随着气泡的上升，由于尾部区域的压力较周围低，将部分颗粒吸入，形成局部涡流，这一区域称为尾涡。气泡上升过程中，一部分颗粒不断离开这区域，另一部分颗粒又补充进来，这样就把床层下部的粒子夹带上去而促进了全床颗粒的循环与混合。图 4-16 中还绘出了气泡周围颗粒和气体的流动情况。在气泡较小、气泡上升速度低于乳化相中气速时，乳相中的气流可穿过气泡上流。但当气泡大到其上升速度超过乳化相中的气速时，就会有部分气体从气泡顶部沿气泡周边下降，再循环回气泡内。在气泡外形成了一层不与乳化相相混合的区域，即气泡晕。气泡晕与尾涡都在气泡之外且随气泡一起上升，其中所含颗粒浓度与乳化相中几乎都是相同的。

二、流化床反应器中的流体传质

1. 颗粒与流体间的传质

气体进入床层后，部分通过乳化相流动，其余则以气泡形式通过床层。乳化相中的气体与颗粒接触良好，而气泡中的气体与颗粒接触较差，原因是气泡中几乎不含颗粒，气体与颗粒接触的主要区域集中在气泡与气泡晕的相界面和尾涡处。无论流化床用作反应器还是传质设备，颗粒与气体间的传质速率都将直接影响整个反应速率或总传质速率。所以当流化床用作反应器或传质设备时，颗粒与流体间的传质系数是一个重要的参数。可以通过传质速率来判断整个过程的控制步骤。关于传质系数，文献报道很多，都是经验公式，只在一定的范围内适用，此处不进行介绍。

2. 气泡与乳化相间的传质

由于流化床反应器中的反应实际上是在乳化相中进行的，所以气泡与乳化相间的气体交换作用非常重要。相间传质速率与表面反应速率的快慢，与选择合理的床型和操作参数都直接有关，图 4-16 是相间交换示意图，从气泡经气泡晕到乳化相的传递是一个串联过程。串联过程包括气泡与气泡晕之间的交换、气泡晕与乳化相之间的交换以及气泡与乳化相之间的总的交换。

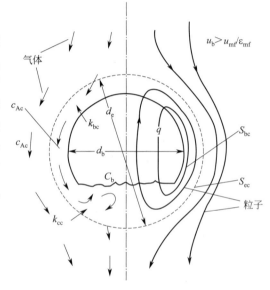

图 4-16　相间交换示意图

三、流化床反应器中的传热

由于流化床中流体与颗粒的快速循环，流化床具有传热效率高、床层温度均匀的优点。气体进入流化床后很快达到流化床温度。这是因为气-固相接触面积大，颗粒循环速率高，颗粒混合得很均匀以及床层中颗粒比热容远比气体比热容高等原因。研究流化床传热主要是为了确定维持流化床温度所必需的传热面积。在一般情况下，自由流化床是等温的，粒子与流体之间的温差，除特殊情况外，可以忽略不计。重要的是床层与内壁间和床层与浸没于床层中的换热器表面间的传热。

学习检测

一、选择题

1. 关于流化床最大流化速率的描述正确的是（　　　）。

A. 流化床达到最大流速时，流体与颗粒的摩擦力等于固体的应力

B. 流体最大流化速率小于固体的沉降速率

C. 固体的重力大于流体与颗粒的摩擦力与浮力之和

D. 最大流化速率等于固体颗粒的沉降速率

2. 实现液体搅拌和混合的方法中使用最广的是（　　）。

A. 机械搅拌　　　　　B. 气流搅拌　　　　　C. 管道混合　　　　　D. 射流混合

3. 在硫酸生产中，硫铁矿沸腾焙烧炉属于（　　）。

A. 固定床反应器　　　　　　　　　　B. 流化床反应器

C. 管式反应器　　　　　　　　　　　D. 釜式反应器

4. 乙苯脱氢制苯乙烯、氨合成等都采用（　　）催化反应器。

A. 固定床　　　　　B. 流化床　　　　　C. 釜式　　　　　D. 鼓泡式

5. 关于重大事故的处理原则，下列表述错误的是（　　）。

A. 不跑、冒、滴、漏，不超温、超压、窜压

B. 事故判断要及时准确、动作迅速，请示汇报要及时，相互联系要及时

C. 可以就地排放油和气体，防止发生着火爆炸等恶性事故

D. 注意保护催化剂及设备

6. 下列各项中，属于局部紧急停车的是（　　）。

A. 由外供蒸汽故障引起的紧急停车　　　B. 由电源故障引起的紧急停车

C. 由仪表风故障引起的紧急停车　　　　D. 由急冷水故障引起的紧急停车

7. 装置吹扫合格的标准是指（　　）。

A. 目视排气清净

B. 在排气口用白布打靶检查5min内无任何脏物

C. 手摸无脏

D. 涂有白铅油的靶板打靶1min无任何脏物

8. 聚式流态化大多是（　　）。

A. 气-固流化床　　　　　B. 液-固流化床　　　　　C. 三相流化床

9. 下列各项不是流化床操作优点的是（　　）。

A. 温度分布均匀　　　　　B. 传质速率高　　　　　C. 传热效率高

10. 气体分布装置的作用是（　　）。

A. 增大气体的流速　　　　　　　　　B 使气体分布均匀

C. 减小气-固接触时间　　　　　　　　D. 防止设备被堵塞

11. 下列各项中不是流化床反应器内部构件的是（　　）。

A. 挡网　　　　　B. 填充物　　　　　C. 挡板　　　　　D. 搅拌器

12. 在流化床反应器中化学反应一般发生的是（　　）。

A. 气-液反应　　　　　B. 液-固反应　　　　　C. 液相反应　　　　　D. 气-固反应

13. 自由床是流化床反应器按哪种方式分类分出来的？（　　）。

A. 按床层的外形分类　　　　　　　　B. 按床层中是否设置内部构件分类

C. 按颗粒在系统中是否循环　　　　　D. 按反应器内层数的多少

14. 流化床反应器正常开车时应用（　　）置换反应系统。

A. N_2　　　　　B. H_2　　　　　C. 空气　　　　　D. 稀有气体

15. 流化床反应器内物料流动的状态可通过（　　）改变。

A. 改变反应器温度　　　　　　　　B. 改变反应器压力

C. 改变气体的流速　　　　　　　　D. 改变气体的停留时间

16. 出料气体中夹带催化剂的原因有可能是（　　　）造成的。

A. 反应器温度过高　　　　　　　　B. 旋风分离器堵塞

C. 分布器被堵塞　　　　　　　　　D. 反应器内压力过高

二、判断题

1. 流化床反应器的操作速度一定要小于流化速率。　　　　　　　　　　　（　　）

2. 选择反应器要从满足工艺要求出发，并结合各类反应器的性能和特点来确定。（　　）

3. 流体只能穿过静止颗粒之间的空隙而流动，这种床层称为固定床。　　　（　　）

4. 散式流化床多用于气-固相反应。　　　　　　　　　　　　　　　　　　（　　）

5. 流化床的特性既有有利的一面，又有有害的一面。　　　　　　　　　　（　　）

6. 沟流现象又可分为贯穿沟流和局部沟流。　　　　　　　　　　　　　　（　　）

三、简答题

1. 什么是固体流态化？

2. 影响临界流化速率的主要因素有哪些？

3. 影响流化床气体把固体带入稀相带出量的主要因素有哪些？

4. 流化床反应器内常用的换热装置有哪些？

▶ 任务二　流化床反应器仿真操作

任务目标

① 了解连续本体法聚丙烯装置的气相共聚反应器的结构特点；

② 了解连续本体法聚丙烯生产工艺技术；

③ 能熟练进行流化床反应器的开停车操作；

④ 能正确判断流化床反应的常见故障；

⑤ 能正确处理流化床反应的常见故障。

任务指导

　　以乙烯和丙烯单体的共聚物为例，根据反应放热规律，理解流化床反应器温度控制的方法，能独立操作开停车，并能及时发现故障和处理故障。

知识链接

微课扫一扫

流化床工艺
技术分析

知识点一　技术交底

　　本仿真培训单元所选的是一种气-固相流化床非催化反应器，取材于

HIMONT 工艺连续本体法聚丙烯装置的气相共聚反应器，用于生产高抗冲共聚体。其工艺特点是：气相共聚反应是在均聚反应后进行，聚合物颗粒来自均聚，在气相共聚反应器中不再有催化剂组分的分布问题；在气相共聚反应时加入乙烯，而乙烯的反应速率较快，动力学常数大，因此反应所需的停留时间短，相应的反应压力低；气相反应并不存在萃取介质，不但保证了共聚物的质量，而且所生成的共聚物表面不易发生聚合，这对减轻共聚物挂壁或结块堵塞都有好处。另外，气相共聚反应器采用气相法密相流化床，所生成的聚合物颗粒大，呈球形，不但流动性好，而且不像细粉那样容易被气流吹走，从而相应地缩小了反应器的体积。

气相共聚生产高冲聚合物时，均聚体粉料从共聚反应器顶部进入流化床反应器。与此同时，按一定比例恒定地加入乙烯、丙烯和氢气，以达到共聚产品所需要的性质，聚合的反应热靠循环气体的冷却而导出。

气相共聚反应的温度为 70℃，反应压力为 1.4MPa，反应器为立式，内设有刮板搅拌器，粉料料面控制高度为 60%。

气相反应聚合速率的控制是靠调节反应器的气体组成（H_2/C_2、C_2/C_3）和总的系统压力、反应温度及料面高度（停留时间）来实现。

一、工艺说明

具有剩余活性的干均聚物（聚丙烯），在压差作用下自闪蒸罐 D301 流到该气相共聚反应器 R401。

在气体分析仪的控制下，氢气被加到乙烯进料管道中，以改进聚合物的本征黏度，满足加工需要。

聚合物从顶部进入流化床反应器，落在流化床的床层上。流化气体（反应单体）通过一个特殊设计的栅板进入反应器，由反应器底部出口管路上的控制阀来维持聚合物的料位。聚合物料位决定了停留时间，从而决定了聚合反应的程度，为了避免过度聚合的鳞片状产物堆积在反应器壁上，反应器内配置一转速较慢的刮刀，以使反应器壁保持干净。

栅板下部夹带的聚合物细末，用一台小型旋风分离器 S401 除去，并送到下游的袋式过滤器中。

所有未反应的单体循环返回到流化压缩机的吸入口。

来自乙烯汽提塔顶部的回收气相与气相反应器出口的循环单体汇合，而补充的氢气、乙烯和丙烯加入压缩机排出口。

循环气体用工业色谱仪进行分析，调节氢气和丙烯的补充量。

然后调节补充的丙烯进料量以保证反应器的进料气体满足工艺要求的组成。

用脱盐水作为冷却介质，用一台立式列管式换热器将聚合反应热撤出。该热交换器位于循环气体压缩机之前。

共聚物的反应压力约为 1.4MPa（表），70℃。注意：该系统压力位于闪蒸罐压力和袋式过滤器压力之间，从而在整个聚合物管路中形成一定的压力梯度，以避免容器间物料的返混并使聚合物向前流动。

带控制点的工艺流程见图 4-17。

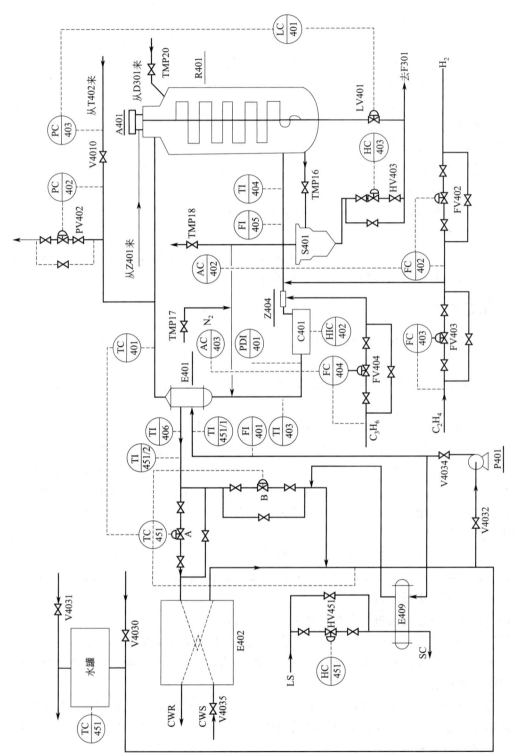

图 4-17 带控制点的工艺流程

二、反应机理

乙烯、丙烯以及反应混合气在一定的温度（70℃）、一定的压力（1.35MPa）下，通过具有剩余活性的干均聚物（聚丙烯）的引发，在流化床反应器里进行反应，同时加入氢气以改善共聚物的本征黏度，生成高抗冲击共聚物。

主要原料：乙烯，丙烯，具有剩余活性的干均聚物（聚丙烯），氢气。

主产物：高抗冲击共聚物（具有乙烯和丙烯单体的共聚物）。

副产物：无。

反应方程式：

$$nC_2H_4 + nC_3H_6 \longrightarrow +\!\!\left[C_2H_4\!-\!C_3H_6\right]\!\!\frac{}{n}$$

三、设备一览

A401：R401 刮刀。

C401：R401 循环压缩机。

E401：R401 气体冷却器。

E409：夹套水加热器。

P401：开车加热泵。

R401：共聚反应器。

S401：R401 旋风分离器。

四、参数说明

AI40111：反应产物中 H_2 的含量。

AI40121：反应产物中 C_2H_4 的含量。

AI40131：反应产物中 C_2H_6 的含量。

AI40141：反应产物中 C_3H_6 的含量。

AI40151：反应产物中 C_3H_8 的含量。

知识点二　操作规程

微课扫一扫

流化床
冷态开车

一、冷态开车规程

1. 开车准备

准备工作包括：系统中用氮气充压，循环加热氮气，随后用乙烯对系统进行置换（按照实际正常的操作，用乙烯置换系统要进行两次，考虑到时间关系，只进行一次）。这一过程完成之后，系统将准备开始单体开车。

（1）系统氮气充压加热

① 充氮：打开充氮阀，用氮气给反应器系统充压，当系统压力达 0.7MPa（表）时，关闭充氮阀。

② 当氮充压至 0.1MPa（表）时，按照正确的操作规程，启动 C401 共聚循环气体压缩机，将导流叶片（HIC402）定在 40%。

③ 环管充液：启动压缩机后，开进水阀 V4030，给水罐充液，开氮封阀 V4031。

④ 当水罐液位大于 10％时，开泵 P401 入口阀 V4032，启动泵 P401，调节泵出口阀 V4034 至 60％开度。

⑤ 手动开低压蒸汽阀 HC451，启动换热器 E409，加热循环氮气。

⑥ 打开循环水阀 V4035。

⑦ 当循环氮气温度达到 70℃时，TC451 投自动，调节其设定值，维持氮气温度 TC401 在 70℃左右。

（2）氮气循环

① 当反应系统压力达 0.7MPa 时，关充氮阀。

② 在不停压缩机的情况下，用 HIC402 和排放阀给反应系统泄压至 0.0MPa（表）。

③ 在充氮泄压操作中，不断调节 TC451 设定值，维持 TC401 温度在 70℃左右。

（3）乙烯充压

① 当系统压力降至 0.0MPa（表）时，关闭排放阀。

② 由 FC403 开始乙烯进料，乙烯进料量设定在 567.0kg/h 时投自动调节，乙烯使系统压力充至 0.25MPa（表）。

2. 干态运行开车

本规程旨在聚合物进入之前，共聚集反应系统具备合适的单体浓度，另外通过该步骤也可以在实际工艺条件下，预先对仪表进行操作和调节。

（1）反应进料

① 当乙烯充压至 0.25MPa（表）时，启动氢气的进料阀 FC402，氢气进料设定在 0.102kg/h，FC402 投自动控制。

② 当系统压力升至 0.5MPa（表）时，启动丙烯进料阀 FC404，丙烯进料设定在 400kg/h，FC404 投自动控制。

③ 打开自乙烯汽提塔来的进料阀 V4010。

④ 当系统压力升至 0.8MPa（表）时，打开旋风分离器 S401 底部阀 HC403 至 20％开度，维持系统压力缓慢上升。

（2）准备接收 D301 来的均聚物

① 再次加入丙烯，将 FC404 改为手动，调节 FV404 为 85％。

② 当 AC402 和 AC403 平稳后，调节 HC403 开度至 25％。

③ 启动共聚反应器的刮刀，准备接收从闪蒸罐（D301）来的均聚物。

3. 共聚反应物的开车

① 确认系统温度 TC451 维持在 70℃左右。

② 当系统压力升至 1.2MPa（表）时，开大 HC403 开度在 40％和 LV401 在 20％～25％，以维持流态化。

③ 打开来自 D301 的聚合物进料阀。

④ 停低压加热蒸汽，关闭 HV451。

4. 稳定状态的过渡

（1）反应器的液位

① 随着 R401 料位的增加，系统温度将升高，及时降低 TC451 的设定值，不断取走

反应热，维持 TC401 温度在 70℃左右。

② 调节反应系统压力在 1.35MPa（表）时，PC402 自动控制。

③ 手动开启 LV401 至 30%，让共聚物稳定地流过此阀。

④ 当液位达到 60%时，将 LC401 设置投自动。

⑤ 随系统压力的增加，料位将缓慢下降，PC402 调节阀自动开大，为了维持系统压力在 1.35MPa，缓慢提高 PC402 的设定值至 1.40MPa（表）。

⑥ 当 LC401 在 60%投自动控制后，调节 TC451 的设定值，待 TC401 稳定在 70℃左右时，TC401 与 TC451 串级控制。

（2）反应器压力和气相组成控制

① 压力和组成趋于稳定时，将 LC401 和 PC403 投串级。

② FC404 和 AC403 串级联结。

③ FC402 和 AC402 串级联结。

二、正常操作规程

正常工况下的工艺参数：

① FC402：调节氢气进料量（与 AC402 串级）。正常值：0.35kg/h。

② FC403：单回路调节乙烯进料量。正常值：567.0kg/h。

③ FC404：调节丙烯进料量（与 AC403 串级）。正常值：400.0kg/h。

④ PC402：单回路调节系统压力。正常值：1.4MPa。

⑤ PC403：主回路调节系统压力。正常值：1.35MPa。

⑥ LC401：反应器料位（与 PC403 串级）。正常值：60%。

⑦ TC401：主回路调节循环气体温度。正常值：70℃。

⑧ TC451：分程调节取走反应热量（与 TC401 串级）。正常值：50℃。

⑨ AC402：主回路调节反应产物中 H_2/C_2 之比。正常值：0.18。

⑩ AC403：主回路调节反应产物中 $C_2/(C_3+C_2)$ 之比。正常值：0.38。

三、停车操作规程

1. 降反应器料位

① 关闭催化剂来料阀 TMP20。

② 手动缓慢调节反应器料位。

2. 关闭乙烯进料，保压

① 当反应器料位降至 10%，关乙烯进料。

② 当反应器料位降至 0%，关反应器出口阀。

③ 关旋风分离器 S401 上的出口阀。

3. 关丙烯及氢气进料

① 手动切断丙烯进料阀。

② 手动切断氢气进料阀。

③ 排放导压至火炬。

④ 停反应器刮刀 A401。

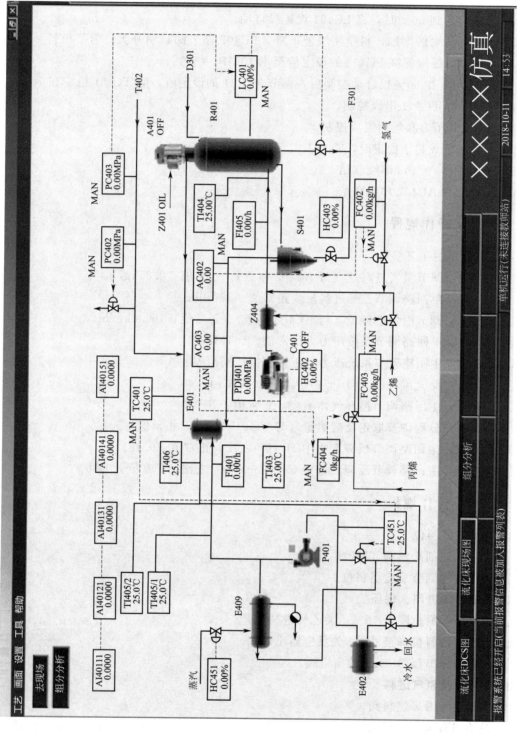

图 4-18　流化床 DCS 图

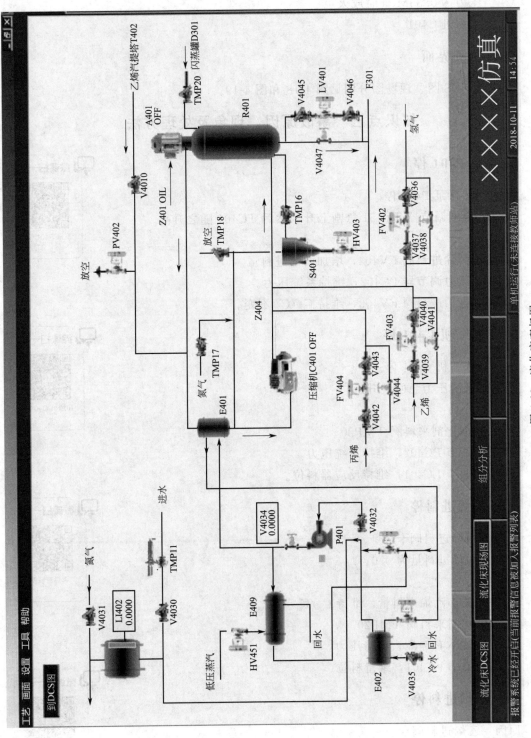

图 4-19 流化床现场图

4. 氮气吹扫

① 将氮气加入该系统。

② 当压力达 0.35MPa 时放火炬。

③ 停压缩机 C401。

四、仿真界面

流化床 DCS 图、现场图分别见图 4-18 和图 4-19。

知识点三　事故原因、现象及处理方法

一、泵 P401 停

原因：运行泵 P401 停。

现象：温度调节器 TC451 急剧上升，然后 TC401 随之升高。

处理：

① 调节丙烯进料阀 FV404，增加丙烯进料量。

② 调节压力调节器 PC402，维持系统压力。

③ 调节乙烯进料阀 FV403，维持 C_2/C_3 不变。

微课扫一扫

泵 P401 停

二、压缩机 C401 停

原因：压缩机 C401 停。

现象：系统压力急剧上升。

处理：

① 关闭催化剂来料阀 TMP20。

② 手动调节 PC402，维持系统压力。

③ 手动调节 LC401，维持反应器料位。

微课扫一扫

压缩机 C401 停

三、丙烯进料停

原因：丙烯进料阀卡。

现象：丙烯进料量为 0.0。

处理：

① 手动关小乙烯进料量，维持 C_2/C_3 不变。

② 关催化剂来料阀 TMP20。

③ 手动关小 PV402，维持压力。

④ 手动关小 LC401，维持料位。

微课扫一扫

丙烯进料停

四、乙烯进料停

原因：乙烯进料阀卡。

现象：乙烯进料量为 0.0。

处理：

微课扫一扫

乙烯进料停

① 手动关丙烯进料，维持 C_2/C_3 不变。

② 手动关小氢气进料，维持 H_2/C_2 不变。

五、D301 供料停

微课扫一扫

D301 供料停

原因：D301 供料阀 TMP20 关。

现象：D301 供料停止。

处理：

① 手动关闭 LV401。

② 手动关小丙烯和乙烯进料。

③ 手动调节压力。

学习检测

一、选择题

1. 本单元的热载体是（　　）。

A. 丁烷　　　　　B. 乙烯　　　　　C. 乙炔　　　　　D. 水　　　E. 蒸汽

2. 本单元仿真装置的反应原料有（　　）。

A. 氢气　　　　　B. 乙烯　　　　　C. 乙炔　　　　　D. 水　　　E. 均聚体

3. 流化床反应器的正确定义：（　　）。

A. 将流化技术应用于流体、固相化学反应的设备

B. 流动的反应器

C. 与流体进行化学反应的设备

D. 流体通过静态固体颗粒形成的床层而进行化学反应的设备

4. 本装置气相共聚反应温度是（　　）℃。

A. 70　　　　　　B. 50　　　　　　C. 80　　　　　　D. 100

5. 本装置反应压力是（　　）MPa。

A. 1.4　　　　　　B. 5.0　　　　　　C. 6.0　　　　　　D. 7.4

6. 本装置反应器内粉料料面控制高度为（　　）。

A. 50%　　　　　B. 60%　　　　　C. 70%　　　　　D. 80%

7. 反应器内配置刮刀的作用是（　　）。

A. 去除反应器壁上的堆积物

B. 切割反应物

C. 备用装置

D. 没有用

8. 立式管壳式换热器 E401 的作用是（　　）。

A. 开车时加热循环气体

B. 反应开始后，用脱盐水作为冷介质，冷却循环气体

C. 加热循环气体

D. 恒温作用

9.（　　）决定了流化停留时间。

A. 流化床中的聚合物料位

B. 流化床中的压力

C. 流化床中的温度

D. 流化床中的组分

10. 系统压力迅速上升，可能原因是（　　）。

A. 反应器漏气

B. 氢气进料停止

C. 冷却出现问题

D. 压缩机 C401 停

二、简答题

1. 在开车及运行过程中，为什么一直要保持氮封？

2. 熔融指数（MFR）表示什么？氢气在共聚过程中起什么作用？试描述 AC402 指示值与 MFR 的关系。

3. 气相共聚反应的温度为什么绝对不能与所规定的温度偏差？

4. 气相共聚反应的停留时间是如何控制的？

5. 气相共聚反应器的流态化是如何形成的？

6. 冷态开车时，为什么要首先进行系统氮气充压加热？

7. 什么叫流化床？与固定床比有什么特点？

8. 请解释以下概念：共聚，均聚，气相聚合，本体聚合。

▶ 任务三　流化床反应器现场操作

任务目标

① 了解流化床反应器各装置的结构、特点及操作技能；

② 根据生产任务要求，熟练合作操作流化床反应器；

③ 能正确处理异常事故。

任务指导

　　本装置按工艺流程走向顺序分为 4 个系统，即气体进料系统、原料油系统、反应系统、分离系统。气体流量通过浮子流量计进行控制和计量，原料进油量和水量通过人工观察液位计读数，手动调节泵的柱塞行程进行控制。本装置采用了先进的温度控制、压力控制技术和可靠的安全措施，当温度超过设定温度值时即可报警，当泵出口压力超过设定压力时即可报警、安全阀起跳，从而保证设备和装置的安全。

知识点一　技术分析

一、装置技术指标及控制精度

操作压力 $0.05\sim0.14MPa$，控制精度 $\pm1\%FS$。

反应温度 $400\sim500℃$，控制精度 $\pm1℃$。

催化剂装填量 $200mL$。

气体流量 $1000\sim1600mL/min$，控制精度 $\pm1\%$。

进油量 $150\sim2500mL/h$，控制精度 $\pm2\%$。

进水量 $100\sim200mL/h$，控制精度 $\pm2\%$。

二、工艺流程说明

气体进料系统配有空气，用于催化剂的流化和催化剂反应后的再生。催化剂流化时，

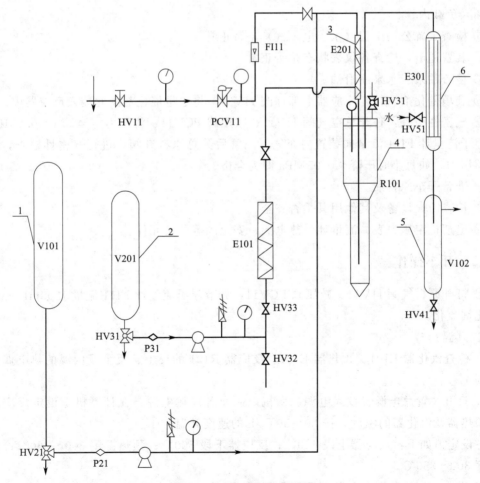

图 4-20　流化床工艺流程图

1—原料罐；2—水罐；3—预热器；4—流化床反应器；5—油水分离器；6—换热器

空气通过截止阀 HV11、减压阀 PCV11 及浮子流量计 FI11 计量后进入预热器 E201，预热后进入反应器催化剂床层底部，使催化剂处于流化状态，当汽化器温度升至 200℃后，启动水泵进水，用水蒸气逐渐替代空气使催化剂流化，当汽化器、预热器和反应器温度（其值可分别通过在计算机上给定值或仪表设定值来控制）升至 350℃后启动油泵进原料油，油气混合物在催化剂床层发生反应，反应后的油气产物通过列管式冷却器 E301 冷却后进入油气分离器 V102 进行油气分离，油品存留在分离器底部，气体由分离器上部直接放空或采样分析，油品通过 HV41 阀采出（图 4-20）。

知识点二　操作规程

一、开车准备工作

① 熟知装置工艺流程。

② 熟悉装置泵、液位计、温控表、减压阀的功能、工作原理和使用方法。

③ 按照要求制订操作方案。

④ 认真检查装置汽化器、预热器、反应器热电偶温度显示是否正常，是否和负载对应并插入负载内。

⑤ 检查装置公用工程（水、电、气）是否正常。

⑥ 装置通电，检查各仪表状态是否正常。

⑦ 检查油泵、水泵润滑油。

⑧ 装填催化剂：打开反应器上部球阀 HV31，将定量催化剂由此装入反应器内。

⑨ 气密性检查：打开总空气阀 HV11、减压阀 PCV11、将压力定至 0.1～0.2MPa 时控制浮子流量计 FI11 流量向装置内充气，充气后关总原料气阀，进行气密性检查，观察反应器压力，如每小时压降＜0.05MPa 即为合格。

⑩ 准备开车原料油。

⑪ 检查防火设备及其他用具是否齐全。

⑫ 定期检定压力表、流量计、热电偶、安全阀等计量元件。

二、开车操作

① 打开原料气阀 HV11、减压阀 PCV11，调节浮子流量计 FI11 流量 1200mL/min 进行催化剂流化。

② 升温。

a. 检查汽化器 E101、预热器 E201、反应器 R101 的反上、反下及内温的热电偶是否插入到位。

b. 打开装置总电源、仪表电源、微机电源及各加热电源，在计算机上设定反应器各段、预热器及汽化器的温度，按 30～50℃/h 的速度升温。

各设定值如下：反应器上段 420℃；反应器下段 500℃；预热温度 300～350℃；汽化器温度 300～350℃。

③ 进水。当汽化器和预热器温度升到 200℃后，打开水泵 P31，系统用蒸汽流化，并记录进水量，关闭原料气阀 HV11。

开泵步骤：朝泵方向打开三通球阀 HV31，关闭进水阀 HV33，打开置换阀 HV32。打开泵电源，开泵调节泵量，由小到大置换，见水没有气泡为止，关闭置换阀 HV32。当压力升到 0.5MPa 时，打开进水阀 HV33，调整水泵流量 120mL/h。

④ 进油。

a. 打开列管式冷却器进水阀 HV51。

b. 朝泵方向打开三通球阀 HV21，打开泵 P21 电源，调节油泵流量 800mL/min，向反应器内进油 60min（进油步骤与进水过程完全相同）。原料油同催化剂在流化状态下接触，反应后的油气经冷却后，分离成裂化气和液体产物。加大水泵流量，汽提 30min 左右，收集液体油和裂化气。

⑤ 再生。当反应温度升到 550℃后，可开始再生。

打开阀 HV11、PCV11，调整空气流量为 800mL/min。进空气 5min 后，停水泵，再生温度控制在 550℃左右。再生时间为 20～30min。

三、停车操作

① 按要求对预热器、反应器降温，待反应器内温度降至 150℃后，停止各加热电源，放净分离器内的存油。

② 关装置总原料气阀。

③ 将所有温控仪表回零后，依次关仪表电源、微机电源及装置总电源。

四、事故判断与处理

注意：本装置区禁止明火，厂房应配备适量的干粉灭火器装置，气源压力不大于 1.0MPa。

① 若装置漏油漏气，必须停气、油、电后方可处理。

② 若系统压差过大，先找准部位，再决定处理方法。

③ 若泵表不起压，可能是泵前过滤器滤芯及泵入出口阀芯堵、泵入出口阀芯漏、泵密封漏、泵内有气。

④ 若突然停电，则关闭进油阀，打开置换阀，维持操作压力，待来电后按 30～50℃/h 进行升温。

⑤ 当控制系统出现故障时（不加热或超温、控制不准），立即停电，并及时进行处理。

⑥ 装置操作参数（进油量、反应器温度、压力、气量）正常，但从分离器或产品罐内放不出油来，可能是分离器底部阀堵，立即停止进料、进气，待装置放空后逐个处理。

⑦ 如果汽化器、预热器和反应器不能加热，可能是电路接触不良，仪表、开关等出现故障；如仪表正常，开关良好，需请仪表工、电工进行处理。

⑧ 若管线突然破裂冒烟，要及时停气、电、油，紧急放空。如果着火要用干粉灭火器进行灭火。

⑨ 仪表显示常温或温度稍低，但实际加热炉超温、冒烟，检查热电偶是否插入到位或热电偶是否失灵。

⑩ 如果泵表超压，安全阀起跳，请检查泵出口管线及阀门、反应器是否堵塞。

⑪ 浮子流量计流量调不上去或无流量时，针对以下原因分别处理。处理时先关掉流量计入口减压阀，稍开启(约 1/4 圈)急放阀临时进行气体放空：

a. 尾气减压阀出口压力太低；

b. 急放阀内漏，使气体走短路；

c. 流量计出口放空管管线堵；

d. 流量计流量调节阀堵或失灵；

e. 流量计内部管道和浮球有油腻物。

学习检测

1. 根据流化床压降情况，如何判断流化床是处于正常操作状态，还是处于腾涌、大气泡、沟流状态？

2. 本实训要求学生能熟练掌握流化床反应体系的工艺流程，并熟练进行流化床反应器开车、停车及事故处理。为了认定学生是否达到实训目的，制订技能考核方案（表 4-1）。

表 4-1　技能考核方案

序号		考核内容	评分标准
1	开车前准备	考核内容流程图的识读与表述	2
		按照实训要求制订操作方案	4
		装填催化剂	5
		检查水、电、气、仪表、装置导热油罐和反应器热电偶	5
		氮气吹扫及气密性检查	4
2	开车操作	打开原料气阀 HV11、减压阀 PCV11,调节浮子流量计 FI11 流量为 1200mL/min 进行催化剂流化	5
		检查汽化器 E101、预热器 E201、反应器 R101 的反上、反下及内温的热电偶是否插入到位	4
		打开装置总电源、仪表电源、微机电源及各加热电源	4
		在计算机上设定反应器各段、预热器及汽化器的温度,按 30～50℃/h 的速度升温	4
		当汽化器和预热器温度升到 200℃后,打开水泵 P31,系统用蒸汽流化,并记录进水量,关闭流化空气阀 HV11	4
		打开列管式冷却器进水阀 HV51	4
		朝泵方向打开三通球阀 HV21,打开泵 P21 电源,调节油泵流量为 800mL/min,向反应器内进油 60min(进油步骤与进水过程完全相同)	4
		原料油同催化剂在流化状态下接触,反应后的油气经冷却后,分离成裂化气和液体产物。加大水泵流量,汽提 30min 左右,收集液体油和裂化气	4
		当反应温度升到 550℃后,可开始再生	4
		打开阀 HV11,PCV11,调整空气流量为 800mL/min	4
		进空气 5min 后,停水泵,再生温度控制在 550℃左右。再生时间为 20～30min	4
3	停车操作	按要求对预热器、反应器降温,待反应器内温度降至 150℃后,停止各加热电源,放净分离器内的存油	5
		关装置总原料气阀	5
		将所有温控仪表回零后,依次关仪表电源、微机电源及装置总电源	5

续表

序号	考核内容		评分标准
4	事故处理	突然停电	20
		装置漏油、漏气	
		控制系统出现故障	
5	安全文明操作	①每损坏一件仪器扣 5 分	
		②发生安全事故扣 20 分	
		③乱倒(丢)废液、废纸扣 5 分	
		④着装不规范扣 5 分	
总分			100

流化床法、西门子法之间的多晶硅之争

国内硅料企业纷纷开启新一轮的扩产大潮。对于多晶硅生产的两大技术路线，市场出现两极分化。改良西门子法还是流化床法，又一次成为争论的焦点。

早在 20 世纪五六十年代，多晶硅生产的两大技术路线相继问世，其中西门子法通过多次技术迭代一直引领行业前行，成为世界的主流路线，而流化床法作为第二技术路线也在持续进步。

1. 流化床法生产原理

流化床法的主要原理是将硅烷用氢气作为载体，像气流一样从流化床反应器底部注入，然后上升到中间加热区反应。因为有底部进料气流源源不断地进入，可以让反应器内的籽晶沸腾起来，处于悬浮状态，注入的硅烷等原料和氢气在加热区发生反应。然后，随着反应的进行，硅逐渐沉积在悬浮状态的硅籽晶上，籽晶颗粒不断地生长，长大到足够重量的时候，硅颗粒沉降到反应器的底部，排出的就是颗粒硅。

2. 流化床法生产多晶硅的优势

第一，由于底部进料的气流存在，硅籽晶处在悬浮状态，可提供更大的反应面积，从而获得较高的反应效率，硅颗粒生长速度更快。同时，流化床反应器内气体和固体接触好，热能传递效率高，电耗自然就降下来了，能耗相对较低。而且参加反应的颗粒硅晶种表面积大，沉积速度（生长速度）大幅提高，故生产效率高，大大减少了能源消耗，降低了成本。

第二，流化床反应器是上下加料，硅烷和氢气从底部注入，硅籽晶从顶部加料，生产的硅颗粒从底部排出，可以做到连续生产，提高生产效率。

第三，流化床法主要用硅烷作为原料，其反应的温度低，分解较为完全，使系统的尾气回收压力大为降低，反应温度在 700℃ 以下，而改良西门子法的反应温度高达 1050℃，单从这方面看，流化床法就比后者省电不少。

第四，流化床法的副反应较少，可缩短尾气回收流程，减少投资成本。

第五，流化床法的产品就是颗粒硅，在下一加工环节就可以直接使用，可满足连续投料拉晶工艺的发展。不需要再像改良西门子法那样进行破碎。

3. 流化床法生产多晶硅的缺点

第一，成品纯度不高。流化床反应器内的硅颗粒是处在悬浮状态，底部不断有气流进入，"沸腾"的硅颗粒会不断冲击反应器内壁，长时间运作下，容易使反应器内部受到腐蚀。常用的金属材料会给反应体系带入大量的金属污染，降低产品纯度。

第二，反应器内壁不断受到冲击，容易带来内壁沉积硅粉，造成沾污，甚至造成喷嘴等关键部位堵塞，进而使进气不均匀，不利于反应。在内壁沉积严重的情况下，仍然需要被迫停车进行清理，甚至诱发反应器内壁的破裂。

第三，流化床对安全性的要求很高。硅烷易燃、易爆的突出特点和安全隐患，限制了硅烷流化床法的推广使用。

虽然流化床法无法成为多晶硅生产的主流方法，但是颗粒硅凭借粒径优势、不需要破碎可直接使用、能填补硅块间的空隙提高坩埚装填量、提高拉晶产出等优点，可以作为改良西门子法的补充。

项目五

塔式反应器操作与控制

在化学工业中塔式反应器广泛应用于加氢、磺化、卤化、氧化等化学加工过程。除此以外，气体产品的净化过程、废气及污水的处理过程，以及好氧性微生物发酵过程均应用气-液相反应过程。它也可以作为反应器广泛应用于气-液相反应。气-液相反应是一个非均相反应过程。气体反应物可能是一种或多种，液体可能是反应物或者只是催化剂的载体。反应速率除取决于化学反应速率外，很大程度上取决于气相和液相两相界面上组分分子的扩散速率，所以如何使气、液两相充分接触是增加反应速率的关键因素之一。对于塔设备的应用与改进，增加反应相的接触面积正是主要考虑因素。

任务一　认识塔式反应器

任务目标

① 熟悉鼓泡塔反应器的基本结构及特点；
② 了解填料塔反应器的结构；
③ 了解鼓泡塔反应器的应用。

任务指导

塔设备除了广泛应用于精馏、吸收等物理过程外，还可以作为反应器用于气-液相非均相反应。塔式反应器的外形呈圆筒状，高度一般为直径的数倍以至十几倍，内部常设有填料、筛板等构件，用来增大反应混合物相际传质面积。应用较广泛的作为反应器的塔设备有鼓泡塔、填料塔等。了解塔设备的结构对于塔设备的操作有重要意义。

知识点一　气-液相反应器

一、气-液相反应器的定义

气-液相反应过程是指一个反应物在气相，另一个反应物在液相，气-液相反应物需进入液相才能反应或两个反应物都在气相，但需进入液相与液相催化剂接触才能反应。

用以进行气-液相反应的反应器称为气-液相反应器。气-液相反应器在结构上比液体均相反应器复杂，在传递特性上有其特殊性。

在气-液相反应体系中，气相往往是反应物，而液相则可能有几种情况：①液相也是反应物；②液相是催化剂；③液相既有反应物，又有催化剂。

在气-液相反应中，至少有一种反应物在气相中，也可能几种反应物都在气相中。反应过程是气相中的溶质先扩散传递到气-液相界面上，然后溶解在液相中进行化学反应，化学反应可以发生在气-液界面上，也可以发生在液相本体中。

二、气-液相反应器的基本类型和特点

气-液相反应的反应器种类很多，按气-液相接触形态可分为：①气体以气泡形态分布在液相中，如鼓泡塔反应器、搅拌鼓泡釜式反应器和板式塔反应器；②液体以液滴状分散在气相中，如喷雾塔反应器、喷射式反应器和文氏反应器；③液体以膜状运动与气相进行接触，如填料塔反应器、降膜反应器。几种主要的气-液相反应器如图5-1所示。

1. 板式塔反应器

板式塔反应器液体是连续相，而气体是分散相，借助于气相通过塔板分散成小气泡而与板上的液体相接触进行化学反应。板式塔反应器适用于快速及中速反应。采用多板可以将轴向返混降至最低程度，并且它可以在很小的液体流速下进行操作，从而能在单塔中直接获得极高的液相转化率。同时，板式塔反应器的气-液传质系数较大，可以在板上安置冷却或加热元件，以适应维持所需温度的要求。但是板式塔反应器具有气相流动压降较大和传质表面较小等缺点。

2. 喷雾塔反应器

喷雾塔反应器结构较为简单，液体以细小液滴的方式分散于气体中，气体为连续相，液体为分散相，具有相接触面积大和气相压降小等优点。适用于瞬间、界面和快速反应，也适用于生成固体的反应。喷雾塔反应器具有持液量小、液侧传质系数过小、气相和液相返混较为严重的缺点。

3. 降膜反应器

降膜反应器为膜式反应设备。通常借助管内的流动液膜进行气-液反应，管外使用载热流体导入或导出反应热。降膜反应器可用于瞬间反应、界面反应和快速反应，它特别适

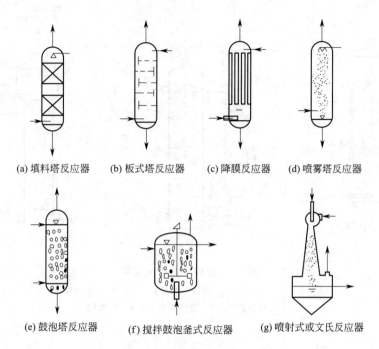

(a) 填料塔反应器　(b) 板式塔反应器　(c) 降膜反应器　(d) 喷雾塔反应器

(e) 鼓泡塔反应器　(f) 搅拌鼓泡釜式反应器　(g) 喷射式或文氏反应器

图 5-1　气-液相反应器主要类型示意

用于较大热效应的气-液反应过程。除此之外，降膜反应器还具有压降小和无轴向返混的优点。然而，由于降膜反应器中液体停留时间很短，不适用于慢反应，也不适用于处理含固体物质或能析出固体物质及黏性很大的液体。同时，降膜管的安装垂直度要求较高，液体成膜和均匀分布是降膜反应器的关键，工程使用时必须注意。

4. 搅拌鼓泡釜式反应器

搅拌鼓泡釜式反应器是在鼓泡塔反应器的基础上加上机械搅拌以增大传质效率发展起来的。在机械搅拌的作用下反应器内气体能较好地分散成细小气泡，增大气-液接触面积；机械搅拌使反应器内液体流动接近全混流，同时能耗较高。釜式反应器适用于慢反应，尤其对高黏性的非牛顿型液体更为适用。

知识点二　鼓泡塔反应器

一、鼓泡塔反应器分类与应用

微课扫一扫

认识鼓泡塔反应器

化学工业所遇到的鼓泡塔反应器，按其结构可分为空心式、多段式、气体提升式和液体喷射式。图 5-2 为简单鼓泡塔反应器。图 5-3 为空心式鼓泡塔，这类反应器在化学工业上得到了广泛的应用，最适用于缓慢化学反应系统或伴有大量热效应的反应系统。若热效应较大时，可在塔内或塔外装备热交换单元。图 5-4 为具有塔内热交换单元的鼓泡塔。

鼓泡塔反应器广泛应用于液相参与的中速、慢速反应和放热量大的反应。例如，各种有机化合物的氧化反应、各种石蜡和芳烃的氯化反应、各种生物化学反应、污水处理曝气氧化和氨水碳化生成固体碳酸氢铵等反应，都采用这种鼓泡塔反应器。

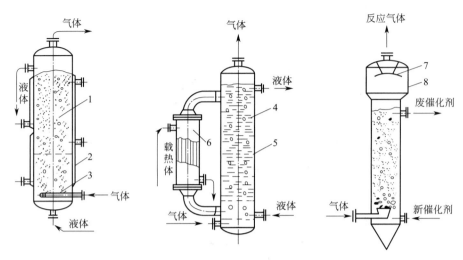

图 5-2　简单鼓泡塔反应器

1—塔体；2—夹套；3—气体分布器；4—塔体；5—挡板；

6—塔外换热器；7—液体捕集器；8—扩大段

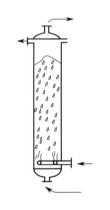

图 5-3　空心式鼓泡塔

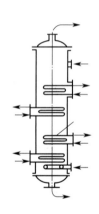

图 5-4　具有塔内热交换单元的鼓泡塔

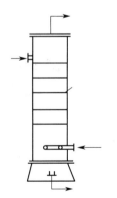

图 5-5　多段式鼓泡塔反应器

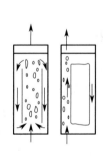

图 5-6　气体提升式鼓泡塔反应器

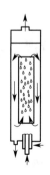

图 5-7　液体喷射式鼓泡塔反应器

　　为克服鼓泡塔中的液相返混现象，当高径比较大时，亦常采用多段式鼓泡塔，以提高反应效果，见图 5-5。对于高黏性物系，如生化工程的发酵、环境工程中活性污泥的处理、有机化工中催化加氢（含固体催化剂）等情况，常采用气体提升式鼓泡塔反应器（图 5-6）或液体喷射式鼓泡塔反应器（图 5-7），此种类型利用气体提升和液体喷射形成有规则的循环流动，可以强化反应器传质效果，并有利于固体催化剂的悬浮。此类又统称为环流式鼓泡塔反应器，它具有径向气-液流动速度均匀，轴向弥散系数较低，传热、传质系数较大，液体循环速度可调节等优点。

二、鼓泡塔反应器结构

动画扫一扫

鼓泡塔反应器的基本组成部分主要有下述三部分。

（1）塔底部的气体分布器　分布器的结构要求使气体均匀地分布在液层中；分布器鼓气管端的直径大小，要使鼓出来的气泡小，使液相层中含气率增加，液层内搅动激烈，有利于气-液相传质过程。常见气体分布器结构如图 5-8 所示。

（2）塔筒体部分　主要是气-液鼓泡层，是反应物进行化学反应和物质传递的气-液层。当需要加热或冷却时，可在筒体外部加上夹套，或在气-液层中加上蛇管。

（3）塔顶部的气-液分离器　塔顶的扩大部分，内装液滴捕集装置，以分离从塔顶出来的气体中夹带的液滴，达到净化气体和回收反应液的作用。常见的气-液分离器如图 5-9 所示。

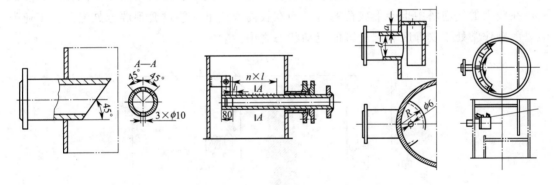

图 5-8　常见气体分布器

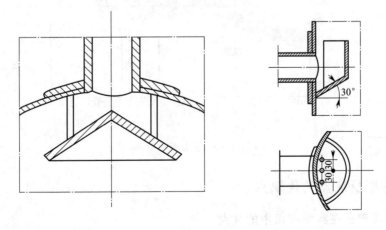

图 5-9　气-液分离器

三、鼓泡塔反应器中的流动特性

在正常操作情况下，鼓泡塔内充满液体，气体从反应器底部通入，分散成气泡沿着液体上升，即与液相接触进行反应同时搅动液体以增加传质速率。在鼓泡塔反应器中，气体由顶部排出而液体由底部引出。通常鼓泡塔的流动状态可划分为如下 3 种区域。

(1) 安静鼓泡区 当表观气速低于 0.05m/s 时，常处于此种安静鼓泡区域，此时，气泡呈分散状态，气泡大小均匀，进行有秩序的鼓泡，目测液体搅动微弱。

(2) 湍流鼓泡区 在较高的表观气速下，安静鼓泡状态不再能维持。此时部分气泡凝聚成大气泡，塔内气-液剧烈无定向搅动，呈现极大的液相返混。气体以大气泡和小气泡两种形态与液体相接触，大气泡上升速度较快，停留时间较短，小气泡上升速度较慢，停留时间较长，形成不均匀接触的状态，称为湍流鼓泡区。

(3) 栓塞气泡流动区 在小直径气泡塔中，较高表观气速下会出现栓塞气泡流动状态。这是由于大气泡直径被鼓泡塔的器壁所限制，实验观察到栓塞气泡流发生在小直径至直径 0.15m 的鼓泡塔中。鼓泡塔流动状态如图 5-10 所示，图中三个流动区域的交界是模糊的，这是由于气体分布器的形式、液体的物理化学性质和液相的流速一定程度地影响了流动区域的转移。例如：孔径较大的分布器在很低的气速下就成为湍流鼓泡区；高黏度的液体在较大的气泡塔中也会形成栓塞流，而在较高气速下才能过渡到湍流鼓泡区。工业鼓泡塔的操作常处于安静区和湍动区的流动状态之中。

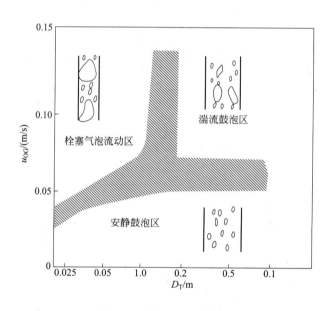

图 5-10 鼓泡塔流动状态

四、鼓泡塔反应器的优缺点

1. 鼓泡塔反应器在实际应用中的优点

① 气体以小的气泡形式均匀分布，连续不断地通过气-液反应层，保证了气、液接触

面，使气、液充分混合，反应良好。

② 结构简单，容易清理，操作稳定，投资和维修费用低。

③ 鼓泡塔反应器具有极高的储液量和相际接触面积，传质和传热效率较高，适用于缓慢化学反应和高度放热的情况。

④ 在塔的内、外都可以安装换热装置。

⑤ 和填料塔相比，鼓泡塔能处理悬浮液体。

2. 鼓泡塔反应器在实际应用中的缺点

① 为了保证气体沿截面均匀分布，鼓泡塔的直径不宜过大，一般在 $2\sim3m$ 以内。

② 鼓泡塔反应器液相轴向返混很严重，在不太大的高径比情况下，可认为液相处于理想混合状态，因此较难在单一连续反应器中达到较高的液相转化率。

③ 鼓泡塔反应器在鼓泡时所耗压降较大。

知识点三 填料塔反应器

一、填料塔反应器的应用

填料塔是广泛应用于气体吸收的设备，也可用作气-液相反应器。由于液体沿填料表面下流，在填料表面形成液膜而与气相接触进行反应，故液相主体量较少，适用于瞬间反应、快速和中速反应过程。例如，催化热碱吸收 CO_2、水吸收 NO 形成硝酸、水吸收 HCl 生成盐酸、水吸收 SO_3 生成硫酸等都使用填料塔反应器。填料塔反应器具有结构简单、压力降小、易于适应各种腐蚀介质和不易造成溶液起泡的优点。填料反应器也有不少缺点：①它无法从塔体中直接移走热量，当反应热较高时必须借助增加液体喷淋量以显热形式带出热量；②由于存在最低润湿率的问题，在很多情况下需采用自身循环才能保证填料的基本润湿，但这种自身循环破坏了逆流的原则。尽管如此，填料反应器还是气-液反应和化学吸收的常用设备。特别是在常压和低压下，压降成为主要矛盾和反应溶剂易于起泡时，采用填料反应器尤为适合。

二、填料塔反应器的结构

填料塔是以塔内装有大量的填料为相间接触构件的气-液传质设备。填料塔的结构较简单，如图 5-11 所示。填料塔的塔身是一直立式圆筒，底部装有填料支承板，填料以乱堆或整砌的方式放置在支承板上。在填料的上方安装填料压板，以限制填料随上升气流的运动。

（1）塔体 塔体是塔设备的主要部件，大多数塔体是等直径、等壁厚的圆筒体，顶盖以椭圆形封头为多。但随着装置的大型化，不等直径、不等壁厚的塔体逐渐增多。塔体除满足工艺条件对它提出的强度和刚度要求外，还应考虑风力、地震、偏心载荷所带来的影响，以及吊装、运输、检验、开停工等情况。

塔体材质常采用的有非金属材料（如塑料、陶瓷等）、碳钢（复层、衬里）、不锈耐酸钢等。

（2）塔体支座 塔设备常采用裙式支座，如图 5-12 所示。它应当具有足够的强度和刚度，能承受塔体操作重量、风力、地震等引起的载荷。

塔体支座的材质常采用碳素钢，也有采用铸铁的。

（3）人孔　人孔是安装或检修人员进出塔器的唯一通道。人孔的设置应便于人员进入任何一层塔板。对直径大于800mm的填料塔，人孔可设在每段填料层的上、下方，同时兼作填料装卸孔。设在框架内或室内的塔，人孔的设置可按具体情况考虑。

人孔设置：一般在气-液进出口等需经常维修清理的部位设置人孔，另外在塔顶和塔釜也各设置一个人孔。塔径小于800mm时，在塔顶设置法兰（塔径小于450mm的塔，采用分段法兰连接），不在塔体上开设人孔。

在设置操作平台的地方，人孔中心高度一般比操作平台高0.7～1m，最大不宜超过1.2m。最小为600mm。人孔开在立面时，在塔釜内部应设置手柄（但当人孔和底封头切线之间距离小于1m或手柄有碍内件时，可不设置）。

装有填料的塔，应设填料挡板，借以保护人孔，并能在不卸出填料的情况下更换人孔垫片。

（4）手孔　手孔是指手和手提灯能伸入的设备孔口，用于不便进入或不必进入设备即能清理、检查或修理的场合。

手孔又常用作小直径填料塔装卸填料之用，在每段填料层的上、下方各设置一个手孔。卸填料的手孔有时附带挡板，以免反应生成物积聚在手孔内。

（5）塔内件　填料塔的内件有填料、填料支承装置、填料压紧装置、液体分布装置、液体收集再分布装置等。合理地选择和设计塔内件，对保证填料塔的正常操作及优良的传质性能十分重要。

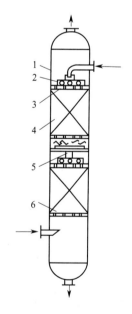

图5-11　填料塔的结构示意

1—塔体；2—液体分布器；

3—填料压紧装置；4—填料层；

5—液体收集与再分布装置；6—支承栅板

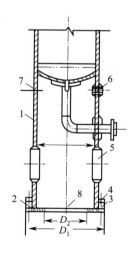

图5-12　裙式支座

1—裙座圈；2—支承板；3—角牵板；

4—压板；5—人孔；6—有保温时排气管；

7—无保温时排气管；8—排液孔

学习检测

一、选择题

1. 化工生产上，用于均相反应过程的化学反应器主要有（　　）。

A. 釜式、管式　　　B. 鼓泡塔式　　　C. 固定床　　　　D. 流化床　　　E. 移动床

2. 环氧乙烷水合生产乙二醇常用下列哪种形式的反应器？（　　）

A. 管式　　　　　　B. 釜式　　　　　C. 鼓泡塔　　　　D. 固定床

3. 各种类型反应器采用的传热装置中，描述错误的是（　　）。

A. 间歇操作反应釜的传热装置主要是夹套和蛇管，大型反应釜传热要求较高时，可在釜内安装列管式换热器

B. 对外换热式固定床反应器的传热装置主要是列管式结构

C. 鼓泡塔反应器中进行的放热反应，必须设置如夹套、蛇管、列管式冷却器等塔内换热装置或设置塔外换热器进行换热

D. 同样反应所需的换热装置，传热温差相同时，流化床所需换热装置的换热面积一定小于固定床换热器

二、判断题

1. 气-液相反应器按气-液相接触形态分类时，气体以气泡形式分散在液相中的反应器形式有鼓泡塔反应器、搅拌鼓泡釜式反应器和填料塔反应器等。（　　）

2. 鼓泡塔内气体为连续相，液体为分散相，液体返混程度较大。（　　）

3. 苯烃化制乙苯、乙醛氧化合成乙酸、乙烯直接氧化生产乙醛都可选用鼓泡塔反应器。（　　）

4. 鼓泡塔反应器和釜式反应器一样，既可以连续操作，也可以间歇操作。（　　）

▶ 任务二　鼓泡塔反应器仿真操作

☕ 任务目标

① 了解乙醛氧化制乙酸工艺；

② 能够对乙醛氧化制乙酸工艺进行开停车操作；

③ 能够对乙醛氧化制乙酸工艺进行监控；

④ 熟悉鼓泡塔反应器的操作与控制。

☕ 任务指导

采用乙酸锰为催化剂，乙酸在加压下与氧气或空气进行液相氧化反应生产乙酸。以乙醛氧化生产乙酸的氧化工段仿真操作为例，进行气-液相鼓泡塔式反应器装置的仿真操作。

 知识链接

知识点一　生产方法及工艺路线

乙酸又名醋酸，英文名称为 acetic acid，是具有刺激气味的无色透明液体，无水乙酸在低温时凝固成冰状，俗称冰醋酸。在 16.7℃ 以下时，纯乙酸呈无色结晶，其沸点是 118℃。乙酸蒸气会刺激呼吸道及黏膜（特别是对眼睛的黏膜），浓乙酸可灼烧皮肤。乙酸是重要的有机酸之一。其结构式是：

$$H_3C—\overset{\displaystyle O}{\overset{\displaystyle \|}{C}}—OH$$

一、生产方法及反应机理

乙醛首先与空气或氧气氧化生成过氧乙酸，而过氧乙酸很不稳定，在乙酸锰的催化下发生分解，同时使另一分子的乙醛氧化，生成两分子的乙酸。氧化反应是放热反应。

$$CH_3CHO+O_2 \longrightarrow CH_3COOOH$$
$$CH_3COOOH+CH_3CHO \longrightarrow 2CH_3COOH$$

总的化学反应方程式为：

$$CH_3CHO+1/2O_2 \longrightarrow CH_3COOH+292.0kJ/mol$$

在氧化塔内，还有一系列的氧化反应，主要副产物有甲酸甲酯、二氧化碳、水、乙酸甲酯等。

自由基引发一系列的反应生成乙酸。但过氧乙酸是一个极不安定的化合物，积累到一定程度就会分解而引起爆炸。因此，该反应必须在催化剂存在下才能顺利进行。催化剂的作用是将乙醛氧化时生成的过氧乙酸及时分解成乙酸，而防止过氧乙酸的积累、分解和爆炸。

二、工艺流程简述

1. 装置流程简述

本反应装置系统采用双塔串联氧化流程，主要装置有第一氧化塔 T101、第二氧化塔 T102、尾气洗涤塔 T103、氧化液中间储罐 V102、碱液储罐 V105。其中 T101 是外冷式反应塔，反应液由循环泵从塔底抽出，进入换热器中以水带走反应热，降温后的反应液再由反应器的中上部返回塔内；T102 是内冷式反应塔，它是在反应塔内安装多层冷却盘管，管内以循环水冷却。

乙醛和氧气首先在全返混型的反应器——第一氧化塔 T101 中反应（催化剂溶液直接进入 T101 内），然后到第二氧化塔 T102 中，通过向 T102 中加氧气，进一步进行氧化反应（不再加催化剂）。第一氧化塔 T101 的反应热由外冷却器 E102A/B 移走，第二氧化塔 T102 的反应热由内冷却器移除，反应系统生成的粗乙酸送往蒸馏回收系统，制取乙酸成品。

蒸馏采用先脱高沸物，后脱低沸物的流程。

粗乙酸经氧化液蒸发器 E201 脱除催化剂，在脱高沸塔 T201 中脱除高沸物，然后在脱低沸塔 T202 中脱除低沸物，再经过成品蒸发器 E206 脱除铁等金属离子，得到产品乙酸。

从低沸塔 T202 顶出来的低沸物去脱水塔 T203 回收乙酸，含量 99% 的乙酸又返回精

馏系统，塔 T203 中部抽出副产物混酸，T203 塔顶出料去甲酯塔 T204。甲酯塔塔顶产出甲酯，塔釜排出废水去中和池处理。

2. 氧化系统流程简述

乙醛和氧气按配比流量进入第一氧化塔（T101），氧气分两个入口入塔，上口和下口通氧量比约为 1∶2，氮气通入塔顶气相部分，以稀释气相中的氧和乙醛。

乙醛与催化剂全部进入第一氧化塔，第二氧化塔不再补充。氧化反应的反应热由氧化液冷却器（E102A/B）移去，氧化液从塔下部用循环泵（P101A/B）抽出，经过冷却器（E102 A/B）循环回塔中，循环比（循环量∶出料量）约为（110～140）∶1。冷却器出口氧化液温度为 60℃，塔中最高温度为 75～78℃，塔顶气相压力为 0.2MPa（表），出第一氧化塔的氧化液中乙酸浓度在 92%～95%，从塔上部溢流去第二氧化塔（T102）。

第二氧化塔为内冷式，塔底部补充氧气，塔顶也加入保安氮气，塔顶压力为 0.1MPa（表），塔中最高温度约 85℃，出第二氧化塔的氧化液中乙酸含量为 97%～98%。

第一氧化塔和第二氧化塔的液位显示设在塔上部，显示塔上部的部分液位（全塔高 90% 以上的液位）。

出氧化塔的氧化液一般直接去蒸馏系统，也可以放到氧化液中间储罐（V102）暂存。中间储罐的作用是：正常操作情况下作氧化液缓冲罐，停车或事故时存氧化液，乙酸成品不合格需要重新蒸馏时，由成品泵（P402）送来中间储存，然后用泵（P102）送至蒸馏系统回炼。

两台氧化塔的尾气分别经循环水冷却的冷却器（E101）中冷却，凝液主要是乙酸，带少量乙醛，回到塔顶，尾气最后经过尾气洗涤塔（T103）吸收残余乙醛和乙酸后放空，洗涤塔下部为新鲜工艺水，上部为碱液，分别用泵（P103、P104）循环。洗涤液温度为常温，洗涤液含乙酸达到一定浓度后（70%～80%），送往精馏系统回收乙酸，碱洗段定期排放至中和池。

工艺流程简图见图 5-13。

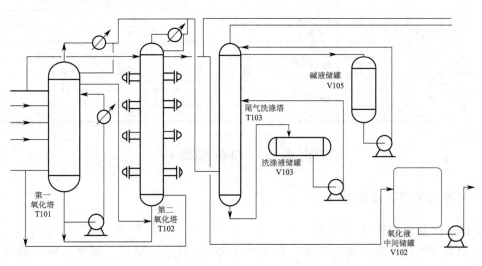

图 5-13　乙醛氧化制乙酸工艺流程简图

知识点二　工艺技术指标

一、控制指标（表 5-1）

表 5-1　控制指标

序号	名称	仪表位号	单位	控制指标
1	T101 压力	PIC109A/B	MPa	0.19 ±0.01
2	T102 压力	PIC112A/B	MPa	0.1 ±0.02
3	T101 底温度	TI103A	℃	77 ±1
4	T101 中温度	TI103B	℃	73 ±2
5	T101 上部液相温度	TI103C	℃	68 ±3
6	T101 气相温度	TI103E	℃	与上部液相温差大于 13℃
7	E102 出口温度	TIC104A/B	℃	60 ±2
8	T102 底温度	TI106A	℃	83 ±2
9	T102 温度	TI106B	℃	85～70
10	T102 温度	TI106C	℃	85～70
11	T102 温度	TI106D	℃	85～70
12	T102 温度	TI106E	℃	85～70
13	T102 温度	TI106F	℃	85～70
14	T102 温度	TI106G	℃	85～70
15	T102 气相温度	TI106H	℃	与上部液相温差大于 15℃
16	T101 液位	LIC101	%	35 ±15
17	T102 液位	LIC102	%	35 ±15
18	T101 加氮量	FIC101	m³/h	150 ±50
19	T102 加氮量	FIC105	m³/h	75 ±25

二、分析项目（表 5-2）

表 5-2　分析项目

序号	名称	位号	单位	控制指标	备注
1	T101 出料含乙酸	AIAS102	%	92～95	
2	T101 出料含醛	AIAS103	%	＜4	
3	T102 出料含乙酸	AIAS104	%	＞97	
4	T102 出料含醛	AIAS107	%	＜0.3	
5	T101 尾气含氧	AIAS101A/B/C	%	＜5	
6	T102 尾气含氧	AIAS105	%	＜5	
7	T103 中含乙酸	AIAS106	%	＜80	

知识点三　岗位操作法

一、冷态开车/装置开工

1. 开工应具备的条件

① 检修过的设备和新增的管线，必须经过吹扫、气密、试压、置换合格（若是氧气系统，还要脱酯处理）。

② 电气、仪表、计算机、联锁、报警系统全部调试完毕，调校合格、准确好用。

③ 机电、仪表、计算机、化验分析具备开工条件，值班人员在岗。

④ 备有足够的开工用原料和催化剂。

2. 引公用工程

3. N$_2$ 吹扫、置换气密

4. 系统水运试车

5. 酸洗反应系统

① 将尾气吸收塔 T103 的放空阀 V45 打开，从罐区 V402（开阀 V57）将酸送入 V102 中，而后由泵 P102 向第一氧化塔 T101 进酸，T101 见液位（约为 2%）后停泵 P102，停止进酸。"快速灌液"说明：向 T101 灌乙酸时，选择"快速灌液"按钮，在 LIC101 有液位显示之前，灌液速度加速 10 倍，有液位显示之后，速度变为正常；对 T102 灌酸时与上述类似。使用"快速灌液"只是为了节省操作时间，但并不符合工艺操作原则，由于是局部加速，有可能造成液体总量不守衡，为保证正常操作，将"快速灌液"按钮设为一次有效性，即：只能对该按钮进行一次操作，操作后，按钮消失；如果一直不对该按钮操作，则在循环建立后，该按钮也消失。该加速过程只对"酸洗"和"建立循环"有效。

② 开氧化液循环泵 P101，循环清洗 T101。

③ 用 N$_2$ 将 T101 中的酸经塔底压送至第二氧化塔 T102，T102 见液位后关来料阀停止进酸。

④ 将 T101 和 T102 中的酸全部退料到 V102 中，供精馏开车。

⑤ 重新由 V102 向 T101 进酸，T101 液位达 30% 后向 T102 进料，精馏系统正常出料，建立全系统酸运大循环。

6. 全系统大循环和精馏系统闭路循环

7. 第一氧化塔配制氧化液

向 T101 中加乙酸，见液位后（LIC101 约为 30%），停止向 T101 进酸。向其中加入少量醛和催化剂，同时打开泵 P101A/B 打循环，开 E102A 通蒸汽为氧化液循环液通蒸汽加热，循环流量保持在 700000kg/h（通氧前），氧化液温度保持在 70～76℃，直到使浓度符合要求（醛含量约为 7.5%）。

8. 第一氧化塔投氧开车

① 开车前联锁投入自动。

② 投氧前氧化液温度保持在 70～76℃，氧化液循环量 FIC104 控制在 700000kg/h。

③ 控制 FIC101N$_2$ 流量为 120m^3/h。

④ 通氧。

⑤ 调节。

9. 第二氧化塔投氧

① 待 T102 塔见液位后，向塔底冷却器内通蒸汽保持氧化液温度在 80℃，控制液位 35%±5%，并向蒸馏系统出料。取 T102 塔氧化液分析。

② T102 塔顶压力 PIC112 控制在 0.1MPa，塔顶氮气 FIC105 保持在 90m^3/h。由 T102 塔底部进氧口，以最小的通氧量投氧，注意尾气含氧量。在各项指标不超标的情况下，通氧量逐渐加大到正常值。当氧化液温度升高时，表示反应在进行。停蒸汽开冷却水 TIC105、TIC106、TIC108、TIC109 使操作逐步稳定。

10. 吸收塔投用

① 打开 V49，向塔中加工艺水湿塔。

② 开阀 V50，向 V105 中备工艺水。

③ 开阀 V48，向 V103 中备料（碱液）。

④ 在氧化塔投氧前开 P103A/B 向 T103 中投用工艺水。

⑤ 投氧后开 P104A/B 向 T103 中投用吸收碱液。

⑥ 如工艺水中乙酸含量达到 80%，开阀 V51 向精馏系统排放工艺水。

11. 氧化塔出料

二、正常停车

氧化系统停车：

① 将 FIC102 切至手动，关闭 FIC-102，停醛。

② 将 FIC114 逐步将进氧量下调至 $1000m^3/h$。注意观察反应状况，当第一氧化塔 T101 中醛的含量降至 0.1% 以下时，立即关闭 FIC114、FICSQ106，关闭 T101、T102 进氧阀。

③ 开启 T101、T102 塔底排，逐步退料到 V-102 罐中，送精馏处理。停 P101 泵，将氧化系统退空。

三、紧急停车

1. 事故停车

主要是指装置在运行过程中出现的仪表和设备上的故障而引起的被迫停车。采取的措施如下：

① 首先关掉 FICSQ102、FIC112、FIC301 三个进物料阀，然后关闭进氧、进醛线上的塔壁阀。

② 根据事故的起因控制进氮量的多少，以保证尾气中含氧小于 5%（体积分数）。

③ 逐步关小冷却水直到塔内温度降为 60℃，关闭冷却水 TIC104A/B。

④ 第二氧化塔关冷却水由下而上逐个关掉并保温 60℃。

2. 紧急停车

生产过程中，如遇突发的停电、停仪表风、停循环水、停蒸汽等而不能正常生产，应做紧急停车处理。

（1）紧急停电　仪表供电可通过蓄电池逆变获得，供电时间 30min；所有机泵不能自动供电。

（2）紧急停循环水　停水后立即做紧急停车处理。停循环水时 PI508 压力在 0.25MPa 联锁动作（目前未投用）。FICSQ102、FIC112、FIC301 三电磁阀自动关闭。

四、仿真界面

仿真界面如图 5-14～图 5-19 所示。

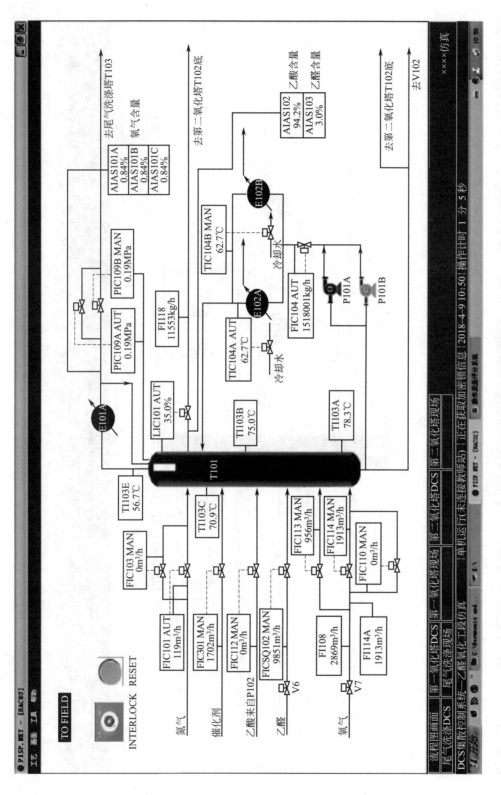

图 5-14　第一氧化塔 DCS 图

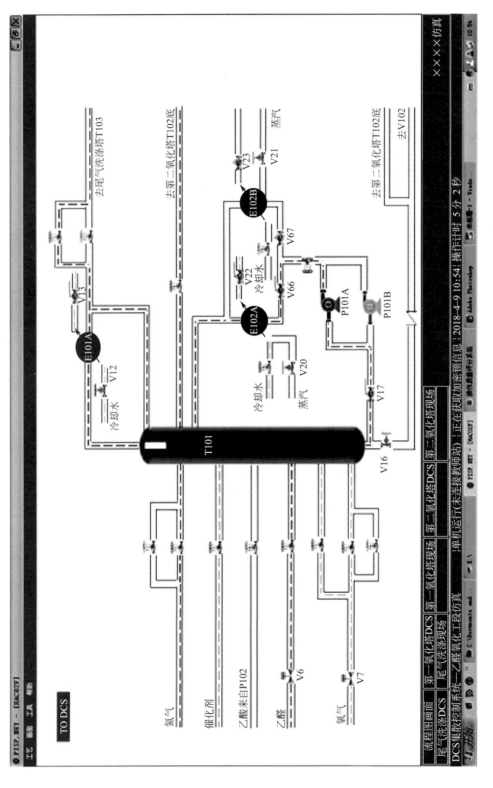

图 5-15　第一氧化塔现场图

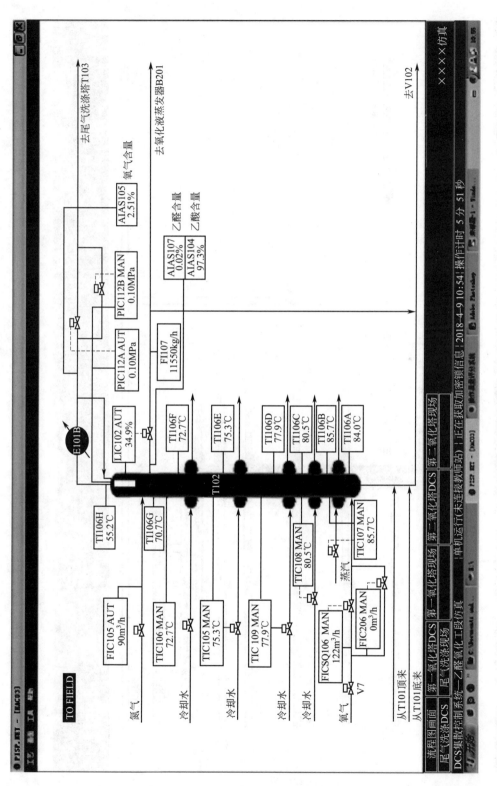

图 5-16 第二氧化塔 DCS 图

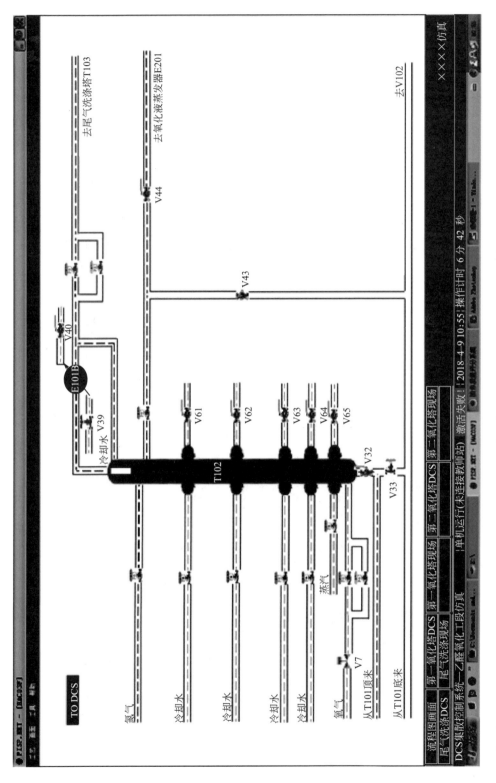

图 5-17　第二氧化塔现场图

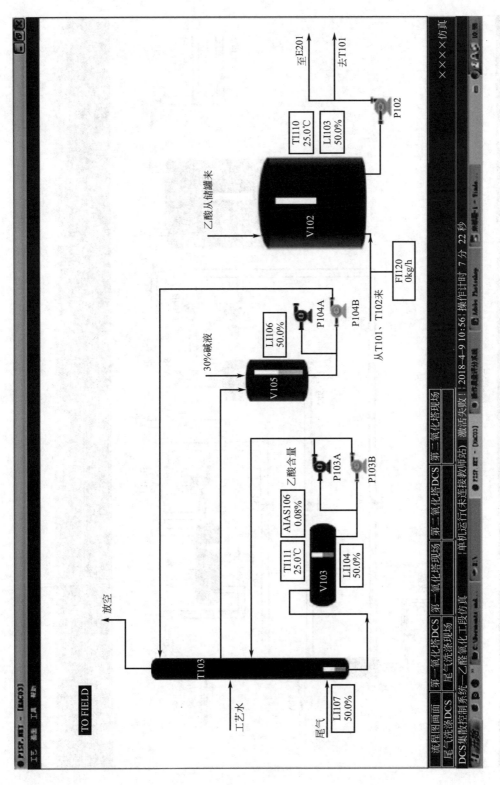

图 5-18　尾气洗涤塔和中间储罐 DCS 图

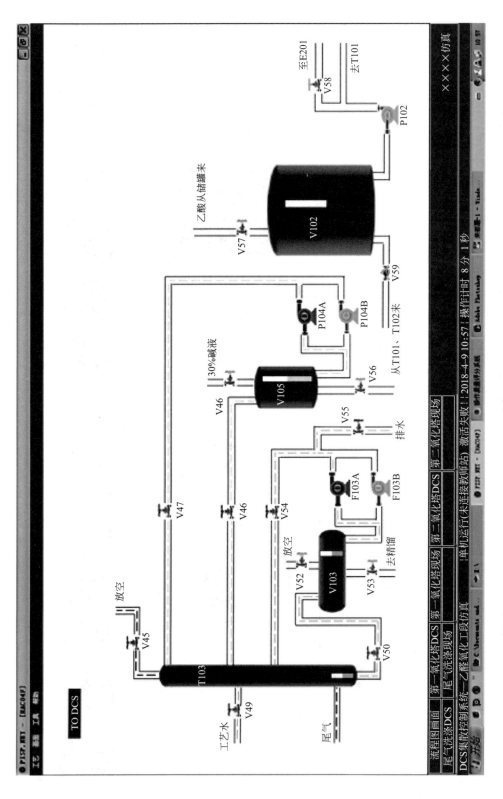

图 5-19　尾气洗涤塔和中间储罐现场图

学习检测

1. 简述乙醛氧化制乙酸的反应原理（要求文字描述，写出化学反应方程式并标注反应条件）。

2. 乙醛氧化制乙酸反应器采用塔式反应器的理由是什么？

3. 乙醛氧化制乙酸反应采用液相反应的理由是什么？

4. 乙醛氧化制乙酸开车准备采用乙酸酸洗整个装置的理由是什么？

5. 简述氧化过程设置 T301 塔的作用。

6. 用方框图描述酸循环路径。

7. 乙醛氧化制乙酸第一氧化塔和第二氧化塔温度控制方案有何不同，为什么？

8. 乙醛氧化产物主要有哪几种？高沸塔和低沸塔的塔顶、塔底产物是什么？

9. T301 采用两段吸收的原因是什么？进塔气体中主要有哪些物质？塔顶放空的物质是什么？

阅读材料

电解氢气鼓泡塔反应器在微生物电合成领域的新进展

微生物电合成（MES）是利用微生物作为催化剂将 CO_2 电还原为有机物（如甲烷、乙酸、丁酸等）的过程。目前限制 MES 实际应用的主要瓶颈是其较低的电流密度，即较低的产物合成速率。

为了提高氢气在反应器内的保留时间，受到鼓泡塔反应器的启发，西安交通大学化工学院郭坤特聘研究员课题组构建了一种电解氢气鼓泡塔反应器（图 5-20）。该装置将电解槽置于反应器的底部用于原位提供氢微气泡，鼓泡塔置于电解槽上部以增加电解氢气泡在反应器的保留时间。在此反应器中接种同型产乙酸的功能菌群，在 $156A/m^2$ 电极电流密度条件下，鼓泡塔的存在可将反应器的库伦效率从 5% 提高到 70%。该反应器的产乙酸速率达到 $898g/m^2$ 阴极·d [$1.2g/(L$ 反应器·d)]，是绝大多数基于生物膜的 MES 反应器产乙酸速率的 10 倍以上。

为了进一步强化反应器内的气液传质和提高反应器的生物量，课题组与西安交通大学能动学院王云海教授合作，设计开发了电解氢气移动床生物膜反应器。移动床内填料的存在，进一步提升了氢气泡的停留时间，强化了气液传质，同时提高了反应器内的生物量。该反应器将前一种反应器的产乙酸速率提升了四倍，达到 $4.1g/(L$ 反应器·d)。此外，在该反应器内接种产甲烷的功能菌群，在 2 A 的恒电流运行模式下，反应器的库伦效率高达 92.5%，甲烷的产率最高可达 $1.4L/(L$ 反应器·d)[$141.5 L/(m^2$ 阴极·d)]，是已报道最大值的两倍左右。

以上研究成果为 MES 系统电流密度的进一步提升提供了新的思路，初步实现了高电流密度条件下的高库伦效率乙酸和甲烷合成。同时，以上反应器尺寸比已报道 MES 反应器高出近两个数量级，为 MES 反应器的设计放大提供了一定的理论基础和实践经验。微生物电合成的研究将会对我国"3060 双碳"目标的实现提供一种新的技术保障，同时也为可再生电能的储存提供了新的方法和思路。

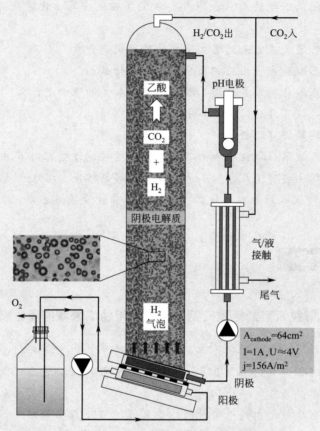

图 5-20　电解氢气鼓泡塔微生物电合成反应器示意图

项目六

管式反应器操作与控制

管式反应器在化工生产中的应用越来越多,多数用于气相连续操作的场合,例如低级烃的卤化反应和氧化反应、石油烃类的热裂解反应等,而且向大型化和连续化发展,见图6-1(见下页)。工业上大量采用催化技术,将催化剂装入管内,使之成为换热式反应器,也是固定床反应器的一种结构形式,常用于气-固催化过程。图6-2(见下页)是天然气加压催化蒸汽转化法制合成氨原料气中的一段转化炉。

❖ 任务一 认识管式反应器、管式炉及裂解炉

📚 任务目标

① 感性认识管式反应器的实物图;
② 掌握管式反应器的结构及特点;
③ 理解管式反应器的传热方式。

📚 任务指导

管式反应器、管式炉、裂解炉结构简单,适用于连续操作的均相反应,操作容易,便于控制,能连续生产,与其他类型传热方式等有所不同。为了更好地操作管式反应器,熟悉管式反应器的结构、知道其传热方式、了解其特点尤为重要。

图 6-1　大型化工厂管式反应器实物图

图 6-2　一段转化炉

知识链接

知识点一 管式反应器的结构

管式反应器包括直管、弯管、密封环、管件、法兰及紧固件、温度补偿器、传热夹套及连接管和机架等几部分。

一、直管

直管的结构如图 6-3 所示。内管长 8m，根据反应段的不同，内管内径通常也不同，有 $\phi 27mm$ 和 $\phi 34mm$，夹套管用焊接形式与内管固定。夹套管上对称地安装了一对不锈钢 Ω 形补偿器，以消除开停车时内外管线膨胀系数不同而附加在焊缝上的拉应力。

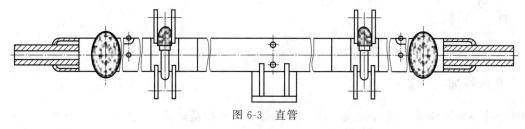

图 6-3 直管

反应器预热段夹套管内通蒸汽加热进行反应，反应段和冷却段通热水移去反应热或冷却。所以在夹套管两端开了孔，并装有连接法兰，以便和相邻夹套管相连通。为安装方便，在整管中间部位装有支座。

二、弯管

弯管结构与直管基本相同（见图 6-4）。弯头半径 $R \geqslant 5D(1\% \pm 4\%)$。弯管在机架上的安装方法允许其有足够的伸缩量，故不再另加补偿器。内管总长（包括弯头弧长）也是 8m。

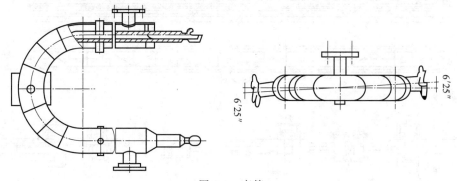

图 6-4 弯管

三、密封环

套管式反应器的密封环为透镜环。透镜环有两种形状：一种是圆柱形的，另一种是带接管的 T 形透镜环（图 6-5）。圆柱形透镜环用反应器内管同一材质制成。带接管的 T 形透镜环是安装测温、测压元件用的。

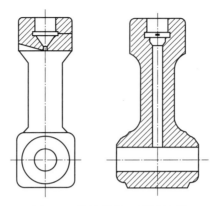

图 6-5　带接管的 T 形透镜环

四、管件

反应器连接必须按规定的紧固力矩进行，所以对法兰、螺柱和螺母都有一定要求。

五、机架

反应器机架用桥梁钢焊接成整体。地脚螺栓安放在基础栓的柱头上，安装管子支架部位装有托架。管子用抱箍与托架固定。

套管式反应器具体结构见图 6-6。套管式反应器由长径比很大（$L/D = 20 \sim 25$）的细长管和密封环通过连接件的紧固串联安放在机架上面而组成。

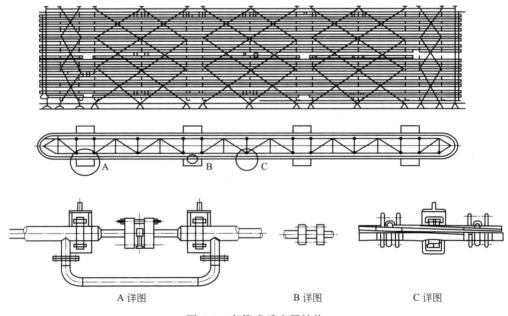

A 详图　　　　　　　B 详图　　　　　　C 详图

图 6-6　套管式反应器结构

管式反应器结构简单，可耐高温、高压，传热面积可大、可小，传热系数也较高，流体的流速较快，停留时间短，便于分段控制温度和浓度，在连续化操作中，物料沿管长方向流动，反应物浓度沿管长变化，但任意点上浓度不随时间变化，是一个定值。

知识点二 管式反应器分类及传热方式

管式反应器是一种呈管状、长径比很大的连续操作反应器。这种反应器可以很长，如丙烯二聚的反应器管长以千米计。反应器的结构可以是单管，也可以是多管并联。可以是空管，如管式裂解炉；也可以是在管内填充颗粒状催化剂的填充管，以进行多相催化反应，如列管式固定床反应器。通常，反应物流处于湍流状态时，空管的长径比大于50；填充段长与粒径之比大于100（气体）或200（液体），物料的流动可近似地视为平推流。

一、管式反应器与釜式反应器的差异

一般来说，管式反应器属于平推流反应器，釜式反应器属于全混流反应器；管式反应器的停留时间一般要短一些，而釜式反应器的停留时间一般要长一些。从移走反应热来说，管式反应器要难一些，而釜式反应器容易一些，可以从釜外设夹套或釜内设盘管解决。有时可以考虑管式加釜的混合反应器，即釜式反应器底部出口物料通过外循环进入管式反应器再返回釜式反应器，可以在管式反应器后设置外循环冷却器来控制温度，反应原料从管式反应器的进口或外循环泵的进口进入，反应完成后的物料从釜式反应器的上部溢流出来，这样两种反应器都用了进去。

二、管式反应器的特点

管式反应器有以下几个优点。

① 由于反应物的分子在反应器内停留时间相等，所以在反应器内任何一点上的反应物浓度和化学反应速率都不随时间而变化，只随管长变化。

② 管式反应器容积小、比表面大、单位容积的传热面积大，特别适用于热效应较大的反应。

③ 由于反应物在管式反应器中反应速率快、流速快，所以它的生产能力高。管式反应器适用于大型化和连续化的化工生产。

④ 和釜式反应器相比，其返混较小，在流速较低的情况下，其管内流体流型接近于理想流体。

⑤ 管式反应器既适用于液相反应，又适用于气相反应；用于加压反应尤为合适。

⑥ 此外，管式反应器可实现分段温度控制。

其主要缺点是：反应速率很低时所需管道过长，工业上不易实现。

三、管式反应器的分类

管式反应器是应用较多的一种连续操作反应器，结构类型多种多样，常用的管式反应器有以下几种类型。

1. 水平管式反应器

图6-7是进行气相或液体均相反应常用的水平管式反应器，由无缝钢管与口形管连接而成。这种结构易于加工制造和检修。高压反应管道的连接采用标准槽对焊钢法兰，可承受1600~10000kPa压力。如用透镜面钢法兰，承受压力可达10000~20000kPa。

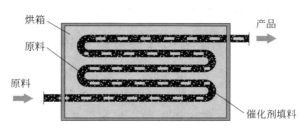

图 6-7 水平管式反应器

2. 立管式反应器

图 6-8 给出了几种立管式反应器。图 6-8(a) 为单程立管式反应器，图 6-8(b) 为中心插入管的立管式反应器。有时也将一束立管安装在一个加热套筒内，以节省安装面积，如图 6-8(c) 所示。

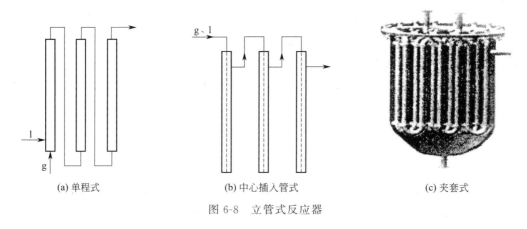

(a) 单程式　　　　　　　(b) 中心插入管式　　　　　　(c) 夹套式

图 6-8 立管式反应器

立管式反应器被应用于液相氨化反应、液相加氢反应、液相氧化反应等工艺中。

3. 盘管式反应器

将管式反应器做成盘管的形式，设备紧凑，节省空间。但检修和清刷管道比较困难。图 6-9 所示的反应器由许多水平盘管上下重叠串联组成。每一个盘管是由许多半径不同的半圆形管子相连接成螺旋形式，螺旋中央留出 ϕ400mm 的空间，便于安装和检修。

图 6-9 盘管式反应器　　　　　　　　图 6-10 U 形管式反应器

4. U 形管式反应器

U 形管式反应器的管内设有多孔挡板或搅拌装置，以强化传热与传质过程。U 形管的直径大，物料停留时间增长，可应用于反应速率较慢的反应。例如带多孔挡板的 U 形管式反应器，被应用于己内酰胺的聚合反应。带搅拌装置的 U 形管式反应器适用于液体非均相物料或液固相悬浮物料，如甲苯的连续硝化、蒽醌的连续磺化等反应。图 6-10 是一种内部设有搅拌和电阻加热装置的 U 形管式反应器。

5. 多管并联管式反应器

多管并联结构的管式反应器一般用于气-固相反应，例如气相氯化氢和乙炔在多管并联装有固相催化剂的反应器中反应制氯乙烯，气相氮和氢混合物在多管并联装有固相铁催化剂的反应器中合成氨。

四、管式反应器的传热方式

管式反应器加热或冷却可采用各种方式。

（1）套管或中央夹套传热　如图 6-7、图 6-8(a)、图 6-8(b) 等所示的反应器，均可用套管或夹套传热结构。

（2）套筒传热　如图 6-8(c)、图 6-9 所示的反应器可置于套筒内进行换热。

（3）短路电流加热　将低电压、大电流的电源直接通到管壁上，使电能转变为热能。这种加热方法升温快，加热温度高，便于实现遥控和自控。短路电流加热已应用于邻硝基氯苯的氨化和乙酸热裂解制乙烯酮等管式反应器的反应上。

（4）烟道气加热　利用气体或液体燃料燃烧产生的烟道气辐射直接加热管式反应器，可达数百摄氏度的高温，此法在石油化工中应用较多。

管式反应器可用于气相、均液相、非均液相、气-液相、气-固相、固相等反应。例如乙酸裂解制乙烯酮、乙烯高压聚合、对苯二甲酸酯化、邻硝基氯苯氨化制邻硝基苯胺、氯乙醇氨化制乙醇胺、椰子油加氢制脂肪酸、单体聚合以及某些固相缩合反应均已采用管式反应器进行工业化。

知识点三　管式炉及管式裂解炉

管式炉是工业炉的一种结构形式，是炼油、化工、石油加工装置以及油田建设和长输管道工程中的重要工艺生产设备。所谓工业炉，一般是相对蒸汽锅炉而言的，通常是指除蒸汽锅炉之外的用于各工业生产装置中的各种炉窑。如冶金工业用的各种高炉、热风炉、立式转炉和卧式转炉、平炉、混铁炉、反射炉、闪速炉、煅烧炉和焙烧炉，化工工业用的转化炉、裂解炉、煤气发生炉、焚烧炉，石油工业用的加热炉、重整炉，以及玻璃制造工业用的玻璃熔窑，等等。由于各种工业炉的用途不同，其结构形式也相差很大，其中在炉膛内部装有物料管束（盘管、排管）的工业炉通常称为管式炉。它一般由辐射段和对流段组成。在辐射段中，液体或气体燃料通过燃烧器燃烧产生热量对炉内盘管进行加热，使在管内流动的工艺物料完成生产流程中规定的换热、分解、转化等工序，而对流段则利用辐射段中排出的烟气余热对盘管中的物料进行加热达到能量回收的目的，在降低生产能耗方面发挥重要的作用。因此，管式炉在炼油、化工、石油加工和油田地面设施，以及油、气长距离输送等生产过程中占有十分重要的地位。裂解炉主要有管式裂解炉、蓄热式炉、沙子炉。用于烃类裂解制乙烯及其相关产品的一种生产设备，现在 90% 以上都是采用管式裂解炉（图 6-11），也是间接传热的裂解炉。

图 6-11　大型石油化工厂管式裂解炉外观

为了提高乙烯收率和降低原料的消耗，多年来管式炉技术取得了较大的进展，并不断地开发出各种新炉型。尽管管式炉有不同的形式，但从结构上看，总是包括炉体、炉体内适当布置的由耐高温合金钢制成的炉管、燃料燃烧器三个主要部分，比较复杂的管式炉还包括附属的换热设备和通风设备，裂解炉就是管式炉中比较复杂的一种。一般是两台炉子对称组合成门字形结构，采用自然或强制排烟系统。

1. 炉体

炉体即炉子本体。通常分为辐射室和对流室两部分，每部分都由炉墙、炉顶和炉底构成。辐射室由耐火砖（里层）、隔热砖（外层）砌成。它是炉子中以辐射方式传热的部分，以吸收燃料燃烧的辐射热为主对炉管进行加热来完成热交换过程。新型炉有的也使用可塑耐火水泥作为耐火材料。裂解炉管悬吊在辐射室中央，这是管式裂解炉的核心部分。裂解反应管的结构及尺寸随炉型而变。炉膛的侧壁和底部安装有燃烧器以加热反应管。裂解产物离开反应管后立即进入急冷锅炉骤冷，以中止反应。管总长 45～60m。急冷锅炉随裂解炉型而有所不同。对流室内设有水平放置的数组换热管以预热原料、工艺稀释用蒸汽、急冷锅炉进水以及过热高压蒸汽等，是炉子中以对流方式传热的部分，以吸收烟气余热对炉管进行对流加热来完成热交换过程。

2. 炉管

炉管前一部分安置在对流段的称为对流管，置于对流室内的炉管组件通常由若干管束组成，部分管束的管外带有翅片或钉头，以提高换热效率。对流管内物料被管外的高温烟道气以对流的方式进行加热并汽化，达到裂解反应温度后进入辐射管，故对流管又称为预热管。炉管后一部分安置在辐射段的称为辐射管，置于辐射室中的炉管组件通过燃料燃烧的高温火焰、产生的烟道气、炉墙辐射加热将热量经辐射管管壁传给物料，裂解反应在该管内进行，所以辐射管又称为反应管。由于操作温度很高，大多数辐射段炉管采用合金钢材或高温合金材料制造。

3. 燃烧器

燃烧器是用以将气体或液体燃料喷入炉内进行燃烧的装置，亦称烧嘴。按照安装位置不同，可分为侧壁烧嘴、顶部烧嘴和底部烧嘴三种；按燃烧的燃料不同，可分为燃油烧嘴、燃气烧嘴和联合烧嘴三种。

由于裂解炉管构型及布置方式和烧嘴安装位置及燃烧方式的不同，管式裂解炉的炉型有多种，目前国际上应用较广的管式裂解炉有鲁姆斯 SRT 型裂解炉（图 6-12）、超选择性炉、林德-西拉斯炉、超短停留时间炉。

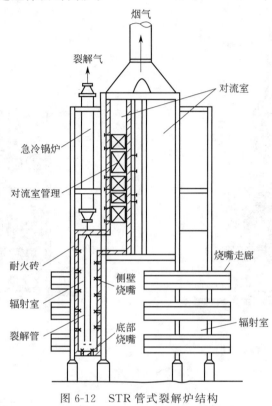

图 6-12　STR 管式裂解炉结构

知识点四　反应炉

温度高于 400 ℃的反应器被称为反应炉。常见的反应炉有如下几种类型。

一、化学管式炉

在化学反应炉中，混合物原料大多为气体，被送入一个由耐热钢制成的盘管中，在这里加热到反应所需的温度。如果反应混合物所需的反应时间短，则使用炉内仅缠绕几圈盘管的管式反应器。

高压反应器内的反应所需温度较高，大多配有管道电伴热。传统的化学管式炉由圆柱状的分段炉腔组成，炉腔下方的火焰可加热炉腔（图 6-13）。反应气体混合物从上方通过管道盘管流入，该盘管在下部辐射部分将炉腔封闭。混合气与燃烧器火焰产生的热燃烧气体逆流流动。化学管式炉可用作裂化石油馏分的预热器等。

二、板式炉

板式炉是一种有多层炉床的立式圆筒（图 6-14）。在炉床中央和圆筒壁上交替分布着落料孔。炉中央有一个轴，带动每层炉床上的耙齿刮具缓慢转动。刮具上的耙齿将颗粒状的固体料推入架板中的落料孔中。以此方式，固体料从上向下穿过炉子，在炉床上交替从中央散到四周。从下方送入的气体与固体料反向流动，同时在不断滚动的物料表面与固体物料发生反应。燃烧热和反应热将板式炉加热到反应温度。在板式炉内，细粒的固体物料在高温下产生反应。例如，铜矿石焙烧。

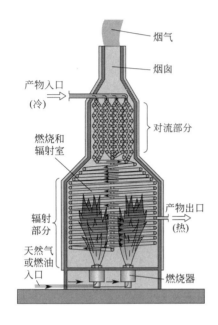

图 6-13　化学管式炉图

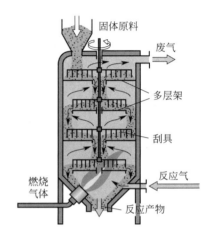

图 6-14　用于煅烧矿石的板式炉

三、回转炉

回转炉由一根略微倾斜、缓慢转动的圆筒组成（图 6-15），可用于煅烧或者进行气—固体反应。颗粒状的固体反应混合物从炉子较高的一端加入，该混合物在转筒和导向叶片的作用下持续不断地翻转，以一种螺旋轨迹行进至回转炉的出口处。可使用燃烧器产生气体火焰对反应混合物进行加热。回转炉的应用：水泥生产、垃圾焚烧等。

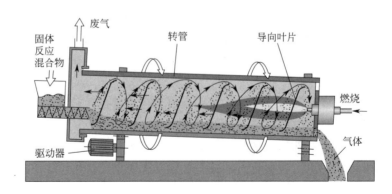

图 6-15　用于生产水泥砖的回转炉

四、竖炉

竖炉有一个圆柱状的反应室，并在半高处略向外凸出（图 6-16）。竖炉拥有钢制外壳并砌有耐火砖衬壁，能够耐受炉内的高温。竖炉大多在原料产业中用于制取原材料。例如，建筑高度可达 50m 的专用竖炉，也称为高炉，加入铁矿石、焦炭和助熔剂等原料可生产生铁。反应原料铁矿颗粒、助熔剂、焦炭逐层从上方加入，然后这些散状物料逐渐向下滑落。在缓慢下沉期间，部分燃烧的焦炭可将炉中填料加热到最高 1600℃。因缺乏空气而产生的气体 CO 和焦炭中的碳将铁矿（Fe_2O_3）还原为铁（Fe）：

$$Fe_2O_3 + 3CO \longrightarrow 2Fe + 3CO_2$$
$$Fe_2O_3 + 3C \longrightarrow 2Fe + 3CO$$

铁水和液态助熔剂（炉渣）向下流动并分批将铁水排出。

用石灰石（$CaCO_3$）和焦炭（C）生产生石灰（CaO）时，也采用在竖炉内燃烧的方式。

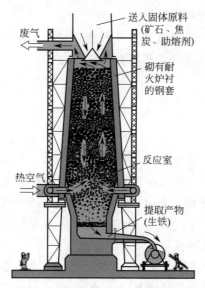

图 6-16　竖炉（用于生产生铁的高炉）

学习检测

一、判断题

1. 管式反应器主要用于气相或液相连续反应过程，且能承受较高压力。　　　（　　）
2. 管式反应器亦可进行间歇或连续操作。　　　（　　）
3. 管式反应器的优点是减小返混和控制反应时间。　　　（　　）
4. 在管式反应器中单管反应器只适合热效应小的反应过程。　　　（　　）

二、问答题

1. 什么是管式反应器？

2. 管式反应器与釜式反应器有哪些差异？

3. 管式反应器是应用较多的一种连续操作反应器，结构类型多种多样，常用的管式反应器有哪几种类型？

4. 管式反应器的加热或冷却可采用哪些方式？

5. 管式反应器是由哪几部分构成？

➤ 任务二　管式反应器的实训操作

 任务目标

① 掌握裂解反应的基本原理、工艺条件、工艺过程及主要生产设备；

② 掌握裂解反应过程控制方法；

③ 掌握不同裂解反应原料对裂解反应产物分布的影响；

④ 学会判断、处理事故及产品检测操作。

任务指导

石油烃裂解是通过管式裂解炉进行高温裂解反应以制取乙烯的过程。它是现代大型乙烯生产装置普遍采用的一种烃类裂解方法。所谓裂解是指以石油烃为原料，利用烃类在高温下不稳定、易分解、断链的原理，在隔绝空气和高温（600℃以上）条件下，使原料发生深度分解等多种化学转化的过程。裂解工艺条件要求苛刻，一般都要求在高温、低分压、短停留下操作。

管式炉裂解生产乙烯的工艺已有 60 多年的历史。管式裂解炉是其核心设备。下面以管式裂解炉生产乙烯为例学习管式反应器的操作。

😊 知识链接

知识点一　工艺技术分析

一、反应原理

烃类热裂解是指将石油系烃类原料经高温作用，使烃类分子发生断裂或脱氢反应，生成分子量较小的烃类，以制取乙烯、丙烯、丁二烯和芳烃等基本化工产品的化学过程，烃类热裂解主要有以下特点。

① 该反应是强吸热反应，需要在高温下进行，反应温度一般在 750℃以上。

② 存在二次反应，生成炭和结焦，为了避免二次反应的发生，需要停留时间短，烃

的分压要低。

在热裂解工艺中要满足以上特点，为了避免副反应的发生，提高乙烯的收率，乙烯生产的操作必须在短停留时间内迅速供给大量的热量和达到裂解反应所需要的高温。因此，选择合适的供热方式和裂解设备至关重要。

原料烃在裂解过程中所发生的反应是复杂的，一种烃可以平行地发生很多种反应，又可以连串地发生许多后继反应。所以裂解系统是一个平行反应和连串反应交叉的反应系统。从整个反应进程来看，属于比较典型的连串反应。

随着反应的进行，不断分解出气态烃（小分子烷烃、烯烃）和氢来；而液体产物的氢含量则逐渐下降，分子量逐渐增大，以至结焦。

对于这样一个复杂系统，现在广泛应用一次反应和二次反应的概念来处理。一次反应是指原料烃在裂解过程中首先发生的原料烃的裂解反应，二次反应则是指一次反应产物继续发生的后继反应。从裂解反应的实际反应历程看，一次反应和二次反应并没有严格的分界线，不同研究者对一次反应和二次反应的划分也不尽相同。

（1）一次反应　由原料烃经热裂解生成乙烯和丙烯的主反应，在裂解反应中，要取得较高的目的产物乙烯，必须在确定工艺条件下保证主反应的进行。

一次反应发生断链，生成低碳的烷烃和烯烃，如烷烃裂解的一次反应。

① 脱氢反应　这是 C—H 键断裂的反应，生成碳原子数相同的烯烃和氢，通式为：

$$C_n H_{2n+2} \longrightarrow C_n H_{2n} + H_2$$

脱氢反应只有低分子烷烃如乙烷、丙烷等在高温下才能进行。

② 断键反应　这是 C—C 链断裂的反应，反应产物是碳原子数较少的烷烃和烯烃，通式为：

$$C_{m+n} H_{2(m+n)+2} \longrightarrow C_m H_{2m} + C_n H_{2n+2}$$

（2）二次反应　由一次反应生成的乙烯、丙烯进一步反应，最后生成焦和炭。二次反应生成的焦和炭不仅会堵塞设备及管道，而且还浪费了原料，降低了烯烃的收率，影响操作的稳定性，应尽力避免。

① 生焦反应　烃的生焦反应要经过芳烃的中间阶段，芳烃在高温下脱氢缩合反应生成环芳烃，继续发生多阶段的脱氢缩合反应而生成，不需要高温。一般反应在 $500\sim600℃$ 以上进行。

② 生炭反应　一次反应生成的乙烯在高温下可先生成乙炔再生成炭。一般需较高的温度，在 $900\sim1100℃$ 才能明显的发生。其反应如下：

$$C_m H_{2m} \longrightarrow mC + mH_2$$

石油烃类在裂解过程中由于聚合、缩合等二次反应的发生，不可避免地会结焦，积附在裂解炉管的内壁上，结成坚硬的环状焦层。

二、结焦的影响

1. 急冷换热器结焦的影响

内径变小，阻力增大，使进料压力增加，有焦层的地方局部热阻大，导致反应管外壁温度升高，一是增加燃料消耗，二是影响反应管的寿命，同时破坏了裂解的最佳工况。

当急冷锅炉出现结焦时，除阻力较大外，还引起急冷锅炉出口裂解气温度上升，以致减少副产高压蒸汽的回收，并加大急冷油系统的负荷。

2. 裂解炉和急冷锅炉的结焦

炉管结焦的现象表现为以下几个方面。

① 裂解炉管管壁温度超过设计规定值。

② 裂解炉辐射段入口压力增加值超过设计值。

③ 废热锅炉出口温度超过设计允许值，或废热锅炉进出口压差超过设计允许值。

上述这些现象分别或同时出现，都表明管内有结焦，必须及时清焦，两次清焦时间的间隔称为炉管的运转周期或清焦周期，运转周期的长短与操作条件有关，特别是与原料性质有关。

3. 清焦的方法

（1）停炉清焦（离线）法 停炉清焦法是将进料及出口裂解气切断（离线）后，将裂解炉和急冷锅炉停车拆开，分别进行除焦。

（2）化学除焦法 用惰性气体和水蒸气清扫设备管线，逐渐降低炉温，然后通入空气和水蒸气烧焦。烧焦的反应式：

$$C + O_2 = CO_2$$
$$C + H_2O = CO + H_2$$
$$CO + H_2O = CO_2 + H_2$$

（3）机械除焦法 坚硬的焦块有时需用机械方法除去，机械除焦法是打开管接头，用钻头刮除焦块，这种方法一般不用于管炉除焦，但可用于急冷换热器的直管除焦。机械除焦劳动强度较大。

（4）不停炉清焦法 也称在线清焦法，对整个裂解炉系统，可以将裂解炉管组轮流进行清焦操作。

① 交替裂解法 是在使用重质原料裂解一段时间后，生成较多的焦需要清焦时，切换轻质原料去裂解，并加入大量水蒸气，这样可以起到裂解和清焦的作用。当压降减小后，再切换为原来的裂解原料。

② 水蒸气、氢气清焦法 是定期将原料切换成水蒸气、氢气，也能达到不停炉清焦的目的。

清焦要求如下。

由于氧化反应（燃烧）是强放热反应，故需加入水蒸气以稀释空气中氧的浓度，以减慢燃烧速率。

烧焦期间，不断检查出口尾气的二氧化碳浓度，当二氧化碳浓度低至 0.2%（干基）以下时，可以认为在此温度下烧焦结束。在烧焦过程中，裂解管出口温度必须严加控制，不能超过 750℃，以防烧坏炉管。

近年来研究添加结焦抑制剂，以抑制焦的生成。抑制结焦的添加剂是某些含硫化合物，它们是 $(C_4H_9)_2SO_2$、$(CH_3)_2S_2$、噻吩、硫黄、Na_2S 水溶液、$(NH_4)_2S$、硫黄加水、KHS_2O_4 等。这些物质添加量很少，能起到抑制结焦的作用，但如添加量过大，则会腐蚀炉管。一般添加量：在稀释蒸气中加入 $50 \times 10^{-6} CS_2$，或气体原料中加入 $30 \times 10^{-6} \sim 150 \times 10^{-6} H_2S$，或液体原料中加入 0.05%～0.2%（质量分数）的硫或含硫化合物。还有人研究添加某些含氟化合物、高分子羧酸、聚硅氧烷等，后者能使结焦不附在管壁上而随气流流出。添加结焦抑制剂能起到减弱结焦的效果，但当裂解温度很高时，温度对结焦生成是主要的影响因素，抑制剂的作用就无能为力了。

三、裂解反应实验装置与控制

1. 技术指标

① 反应炉为四段加热，各段功率为 1.0kW。

② 最高使用温度为 800℃，反应管由耐热无缝钢管制作，内径为 16mm，长 750mm，热电偶套管 ϕ3mm，热电偶直径为 1.0mm。

③ 混合预热器内径为 12mm，长 280mm，加热功率 8kW。

④ 气-液分离器直径为 42mm，高 180mm。

⑤ 湿式流量计 2L。

⑥ 液体加料泵为进口电磁泵，额定流量为 0.76L/h。

⑦ 含有计算机数据采集与温度控制软件，计算机、打印机由用户自备。

2. 烃类热裂解工艺流程图

烃类热裂解工艺流程见图 6-17。

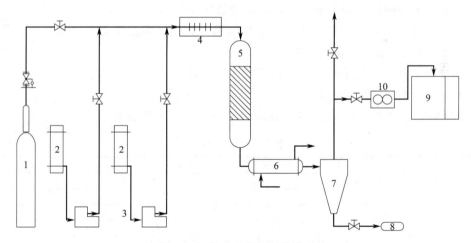

图 6-17　烃类热裂解工艺流程

1—氮气钢瓶；2—原料罐；3—原料泵；4—预热器；5—裂解炉；

6—冷凝器；7—气-液分离器；8—液相组分储罐；9—色谱仪；10—湿式流量计

知识点二　操作规程

一、冷态开车

1. 开车前的准备工作

检查并确认设备内无杂物，设备、管线、阀门、仪表、电器完好，水系统完好，消防器材到位，关闭所有阀门。

2. 装置的试漏

将三通阀放在进气位置，进入空气和氮气，卡死出口，冲压至 0.1MPa，5min 不下降为合格。否则要用毛刷涂肥皂水在各接点涂拭，找出漏点重新处理后再次试漏，直到合格为止。打开卡死的管路，可进行实验。

注意：在试漏前首先确定反应介质是气体还是液体或是两者。如果仅仅是气体，就要关死液体进口接口。不然，在操作中有可能会从液体加料泵管线部位发生漏气。

3. 升温和温度控制

本装置为四段加热控制，温度控制仪的参数较多，不能任意改变，因此在控制方法上必须详细阅读控制仪表说明书后才能进行。控制受各段加热影响较大，应该较好地配合才能得到所需的温度。最佳操作方法是观察加热炉控制温度和内部温度的关系，反应前后微有差异，主要表现在预热器的温度变化，因为预热器是靠管内测定的温度去控制加热的，当加料时该温度有下降的趋势，但能自动调节到所给定的温度范围值内。

操作时反应温度测定靠拉动反应器内的热电偶（按一定距离拉），并在显示仪表上观察，放到温度最高点处，待温度升高一定值时，开泵并以一定的速度进水，温度还要继续升高，到达反应温度时投入裂解物料。温度在运行时还要调节。

注意以下几点。

① 本装置为四段加热控制温度。打开反应器控温和测温，各段加热电流给定不应很大，一般在 1.5A 左右，开始升温。

② 在升温时同时给冷却器通水，防止出现过快加热的现象。

③ 进料后观察预热温度和拉动反应器热电偶，找到最高温度点，稳定后再按等距离拉动热电偶，并记录各位置温度数据。

④ 当反应正常后，记录时间和湿式流量计的读数。

⑤ 在分离器底部放出水与油，并计量。

反应开始后，监测反应条件，每 5min 记录一次，记录至表 6-1。

表 6-1　反应记录

裂解原料	以不同的裂解原料在相同的裂解温度下：560℃					备注
	油加入量		焦油量	裂解气量		
	mL	g	g	mL	g	

反应温度/℃	以相同的裂解原料在不同的裂解温度下：石脑油					备注
	油加入量		焦油量	裂解气量		
	mL	g	g	mL	g	

稀释剂加入量	以相同的裂解原料、相同的裂解温度在不同的烃分压下：石脑油、760℃					备注
	油加入量		焦油量	裂解气量		
	mL	g	g	mL	g	

二、正常停车

① 停进料。在原条件下，只进水，降温，进行烧焦处理。

② 将电流给定旋钮回至零（或关闭控温温度表），一段时间后停止进水。

③ 当反应器温度降至 300℃ 以下后，冷却器停水。

④ 实验结束后要用氮气吹扫和置换反应产物。

注意：进水是为了防止结炭，也是必需的步骤。

三、注意事项

① 一定要熟悉仪器的使用方法，为防止乱动仪表参数，参数调好后可将"Loc"数改为新值，即锁住各参数。

② 升温操作一定要有耐心，不能忽高忽低、乱改乱动控温设置。

③ 流量的调节要随时观察及时调节，否则温度容易发生波动，造成反应过程中温度的稳定性下降。

④ 不使用时，应将湿式流量计的水放干净。应将装置放在干燥通风的地方。如果再次使用，一定在低电流（或温度）下通电加热一段时间以除去加热炉保温材料吸附的水分。

⑤ 每次实验后一定要将分离器的液体放净。

四、故障处理

① 开启电源开关指示灯不亮，并且没有交流接触器吸合声，则保险坏或电源没有接好。

② 开启仪表各开关时指示灯不亮，并且没有继电器吸合声，则分保险坏或接线有脱落的地方。

③ 开启电源开关有强烈的交流震动声，则是接触器接触不良，反复按动开关即可以消除。

④ 仪表正常但电流表没有指示，可能保险坏或固态变压继电器有问题。

五、产品分析检测、数据处理

（1）裂解气体的分析（气相色谱法）　色谱柱是在氧化铝载体上载以 1.5% 阿皮松，可分析 $C_1 \sim C_4$，条件是在室温下用热导检测器，柱长为 4m，柱径 $\phi 3mm$。

（2）数据处理　记录升温过程中反应器加热炉各段的温度及反应器的测温温度。记录加料量和加水（进料时开始）量及产气量（湿式流量计的流量）。进行裂解气质量的计算和裂解气（乙烯计）收率的计算。

知识点三　裂解装置工艺流程

一、工艺流程简介

裂解炉进料预热系统利用急冷水热源，将石脑油预热至 60℃，裂解原料经预热后，与稀释蒸汽按一定比例（视原料不同而异）混合，经管式炉对流段进入辐射室，发生裂解。为防止高温裂解产物发生二次反应，由辐射段出来的裂解产物（包含乙烯、丙烯和丁二烯的裂解气）进入急冷系统，以迅速降低其温度并由换热产生高压蒸汽，回收热量。急冷系统接收裂解炉来的裂解气，经过油冷和水冷两步工序，经过冷却和洗涤后的裂解气去压缩工段，裂解气则经压缩机加压后进入气体分离装置。

稀释蒸汽发生系统接收工艺水，产生稀释蒸汽送往裂解炉管，作为裂解炉进料的稀释蒸汽，降低原料裂解中的烃分压。

二、装置流程说明

来自灌区的石脑油原料在送入裂解炉之前由急冷水预热至60℃。被裂解炉烟道气进一步预热后，液体进料在180℃条件下进入炉子，在注入稀释蒸汽之前，将上述烃进料按一定的流量送入各个炉管。烃类/蒸汽混合物返入对流段，在进入裂解炉辐射管之前预热至横跨温度，在裂解炉辐射管中原料被裂解。辐射管出口与TLE（废热锅炉）相连，TLE利用裂解炉流出的热量产生超高压蒸汽。

TLE通过同每一台裂解炉的气包相连的热虹吸系统，在12.4MPa的压力条件下生产超高压蒸汽。锅炉给水（BFW）由烟道气预热后进入锅炉蒸汽汽包。蒸汽包排出的饱和蒸汽在裂解炉对流段中由烟道气过热至400℃。通过在过热蒸汽中注入锅炉给水来控制过热器的出口温度。温度调节以后的蒸汽返回对流段并最终过热至所需的温度（520℃）。

来自裂解炉TLE的流出物由装在TLE出口处的急冷气用急冷油进行冷却，混合以后送至油冷塔。

在油冷塔，裂解气进一步冷却，裂解燃料油和轻柴油从油冷塔中抽出，汽油和较轻的组分作为塔顶气体。裂解气体中热量的去除与回收是通过将急冷油从塔底循环至稀释蒸汽发生器和稀释蒸汽罐进料预热器进行的。低压蒸汽也在急冷油回路中产生。水冷塔中冷凝的汽油作为油冷塔的回流液。

裂解燃料油被泵送到裂解燃料油汽提塔（T102）。裂解柴油（来自油冷塔的侧线抽出物）被送至裂解燃料油汽提塔的下部汽提塔段，以控制闪点。用汽提蒸汽将裂解燃料油汽提，提高急冷油中馏程在260～340℃馏分的浓度，有助于降低急冷油黏度。塔底的燃料油通过燃料油泵送入燃料油罐。

油冷塔底的裂解气，通过和水冷塔中的循环急冷水直接接触进行冷却和部分冷凝，温度冷却至28℃，水冷塔的塔顶裂解气被送到下一工段。

来自水冷塔的急冷水给乙烯装置工艺系统提供低等级热量，即提供给装置中一些用户热量。换热后的急冷水由循环水和过冷水进一步冷却，作为水冷塔的回流，冷却裂解气。

在水冷塔冷凝的汽油，与循环急冷水和塔底冷凝的稀释蒸汽分离，冷凝后的汽油一部分作为回流进入冷凝塔，另一部分送往其他工段。

在水冷塔冷凝的稀释蒸汽（工艺水）进入工艺水汽提塔，在工艺水汽提塔，利用低压蒸汽汽提，将酸性气体和易挥发烃类汽提后返回水冷塔。安装有顶部物流/进料换热器以预热去工艺水汽提塔的进料。

汽提后的工艺水在进入稀释蒸汽发生器前用急冷油预热，然后被中压蒸汽和稀释蒸汽发生器中的急冷油汽化。产生的蒸汽被中压蒸汽过热，然后用作裂解炉中的稀释蒸汽。

来自罐区、分离工段的燃料气送入裂解炉，作为裂解炉的燃料气。

三、操作参数

1. 裂解炉 F101

裂解炉 F101 操作参数见表 6-2。

表 6-2　裂解炉 F101 操作参数

名称	温度/℃	压力/Pa	流量/(t/h)
石脑油进料	60	—	86
横跨段	1160	—	—
横跨段炉管	660	—	—
炉膛负压	—	−30	—
裂解炉出口	832	—	—
裂解炉烟气	130	—	—
TLE 出口温度	450	—	—
急冷器出口温度	213	—	—
底部燃料气	—	—	0.9～1.0
侧壁燃料气	—	—	2.8～3.2

2. 蒸汽系统

蒸汽系统 D101 操作参数见表 6-3。

表 6-3　蒸汽系统 D101 操作参数

名称	温度/℃	压力/Pa	流量/(t/h)
锅炉给水	147	14.0	20.0
D101	320	12.4	—
一段过热	400	12.4	5.0
二段过热	520	12.4	3.0

3. 急冷系统

急冷系统操作参数见表 6-4。

表 6-4　急冷系统操作参数

名称	温度/℃	压力/Pa	流量/(t/h)
T101	底部:198	—	—
	顶部:104	37	—
T102	—	50	—
T103	底部:85	—	—
	顶部:28	44	—
T104	底部:122	—	—
	顶部:118	100	—
D102	169	660	—

四、正常运行操作

1. 点火升温

裂解炉的点火总体顺序是先点燃长明线烧嘴，再点燃底部烧嘴，最后点燃侧壁烧嘴。

为了保证四路裂解管出口温度尽量接近，裂解炉的点火操作要求对称进行，具体操作按点火顺序图进行。

2. 反应温度控制

裂解是吸热反应，需要在高温进行，在一定的温度范围内，提高裂解温度有利于提高一次反应所得的乙烯和丙烯的收率。一般当温度低于750℃时，生成乙烯的可能性较小；在750℃以上，生成乙烯的可能性大。温度越高，乙烯的收率就越高，但温度超过900℃甚至达到1100℃时，对结焦和生炭反应极有利，同时生成的乙烯又会经历乙炔中间阶段而生成炭，这样原料的转化率虽然增加，但乙烯的收率却大大降低。

理论上烃类裂解制乙烯的最适宜的温度一般控制在750～900℃，至于实际操作温度的选择要根据裂解原料、产品分布、停留时间而定。较轻的裂解原料选择的裂解温度高，较重的裂解原料选择的裂解温度较低，例如，某厂石脑油裂解炉的裂解温度是840～865℃，轻柴油裂解炉的裂解温度是830～860℃。

裂解反应的温度一般以炉出口温度为准，炉管的温度通过燃料调节阀来控制。在改变燃料调节阀时，要注意炉膛的负压、烟道气中氧含量的控制，以保证燃料的充分燃烧和炉子的热效率。

3. 反应压力控制

烃类裂解的一次反应是分子数增大的反应，降低压力反应平衡向正反应方向移动；一次反应中的聚合、脱氢结焦等，都是分子数减少的反应，降低压力不利于平衡向产物方向移动。

压力还对反应速率有一定的影响，烃类裂解的一次反应是单分子反应，烃类聚合或缩合反应多为多分子反应，压力虽然不能改变反应速率常数，但降低压力能降低反应物浓度，增大一次反应对二次反应的相对速率，提高一次反应的选择性。无论从动力学还是热力学看，降低裂解压力对增产乙烯的一次反应有利，可抑制二次反应从而减轻结焦的程度。表6-5说明了压力对裂解反应的影响。

表6-5　压力对一次反应和二次反应的影响

	反应	一次反应	二次反应
热力学因素	反应后体积的变化	增大	减少
	降低压力对平衡的影响	有利于提高平衡转化率	不利于提高平衡转化率
动力学因素	反应分析数	单分子反应	双分子或多分子反应
	降低压力对反应速率影响	有利于提高	不利于提高
	降低压力对反应速率相对变化的影响	有利	不利

4. 反应流量控制

裂解炉的流量控制有两个：裂解原料流量和稀释蒸汽流量。当某些管件连接不严密时，有可能漏入空气，不仅会使裂解原料和产物部分氧化而造成损失，更严重的是空气与裂解气能形成爆炸性混合物而导致爆炸。另外如果采用减压操作，而对后续分离部分的裂解气压缩操作就会增加负荷，即增加了能耗。在裂解原料气中添加稀释蒸汽以降低烃分压，能提高一次反应的速率，降低二次反应的发生，提高乙烯的收率。由于在高温炉管中，原料已完全汽化。因此要控制裂解原料烃的分压不变，必须控制原料与稀释蒸汽的分子数不变。

学习检测

一、选择题

1. 裂解生产乙烯工艺中，裂解原料的组成中 P 表示（　　）。

A. 烷烃　　　　　　　B. 环烷烃　　　　　　　C. 烯烃　　　　　　　D. 芳香烃

2. 下列不属于二次反应的是（　　）。

A. 生焦反应　　　　　B. 生炭反应　　　　　　C. 生成稠环芳烃　　　D. 烯烃的裂解

3. 裂解生产乙烯工艺中，不能用来表示裂解深度的是（　　）。

A. 转化率　　　　　　B. 乙烯产率　　　　　　C. 出口温度　　　　　D. 反应速率

4. 烃类裂解制乙烯过程正确的操作条件是（　　）。

A. 低温、低压、长时间　　　　　　　　　B. 高温、低压、短时间

C. 高温、低压、长时间　　　　　　　　　D. 高温、高压、短时间

5. 裂解气脱炔和脱一氧化碳主要采用的方法为（　　）。

A. 催化加氢　　　　　B. 酸洗　　　　　　　　C. 碱洗　　　　　　　D. 吸附

6. 下列不是石油中所含烃类的是（　　）。

A. 烷烃　　　　　　　B. 环烷烃　　　　　　　C. 芳香烃　　　　　　D. 烯烃

7. 管式裂解炉生产乙烯的出口温度为（　　）。

A. 300℃以下　　　　B. 200℃以下　　　　　C. 1065～1380℃以下 D. 500℃以下

8. 石油中碳元素占（　　）。

A. 11%～14%　　　　B. 83%～87%　　　　　C. 1%左右　　　　　　D. 不确定

9. 裂解操作是向系统中加入稀释剂来降低烃类分压方法来达到减压操作目的，稀释剂加入的目的：（　　）。

A. 有利于产物收率的提高，对结焦的二次反应有抑制作用

B. 不利于产物收率的提高，对结焦的二次反应有抑制作用

C. 有利于产物收率的提高，对结焦的二次反应有促进作用

D. 不利于产物收率的提高，对结焦的二次反应有促进作用

二、简答题

1. 什么是烃类热裂解？烯的二次反应有哪些危害？

2. 乙烯裂解装置主要的工艺参数有哪些，如何控制？

任务三　管式反应器常见故障与日常维护

任务目标

① 熟悉管式反应器常见故障的现象及处理方法；

② 能对管式反应器进行日常维护。

任务指导

为了确保生产顺利、安全、有序地进行，要对管式反应器进行日常维护。管式反应器在生产过程中有一些常见故障，了解管式反应器的常见故障及处理方法，可以减少事故的发生，增加生产时间。

知识链接

知识点一　常见故障及处理

表 6-6 为管式反应器常见故障及处理方法。

表 6-6　管式反应器常见故障及处理方法

序号	故障现象	故障原因	处理方法
1	密封泄露	①封环材料处理不符合要求 ②振动引起紧固件松动 ③安装密封面受力不均 ④滑动部件受阻造成热胀冷缩，局部不均匀	①更换密封环 ②拧紧紧固螺栓 ③按规范要求重新安装 ④检查修正相对活动部位
2	放出阀泄漏	①芯、阀座密封受伤 ②阀杆弯曲度超过规定值 ③装配不当，使油缸行程不足，阀杆与油缸锁紧螺母不紧，密封面光洁度差，装配前清洗不够 ④阀体与阀杆相对密封面大，密封比压减小 ⑤油压系统故障造成油压降低 ⑥填料压盖螺母松动	①研磨密封面 ②更换阀件 ③解体检查重装并做动作试验 ④更换阀门 ⑤检查并修理油压系统 ⑥紧螺母或更换螺母
3	爆破片爆炸	①片存在缺陷 ②爆破片疲劳破坏 ③油放出阀连续失灵，造成压力过高 ④运行中超温超压，发生分解反应	①注意安装前爆破片的检验 ②按规定定期更换 ③检查油压放出阀联锁系统 ④分解反应爆破后，应做下列各项检查：接头箱超声波探伤；相邻超高压配管超声波探伤；经检查不合格接头箱及高压配管应更新
4	反应管胀缩卡死	①安装不当使弹簧压缩量大，调整垫板厚度不当 ②机架支托滑动面相对运动受阻 ③支撑点固定螺栓与机架上长孔位置不当	①重新安装；控制碟形弹簧压缩量；选用适当厚度的调整垫板 ②检查清理滑动面 ③调整反应管位置或修正机架孔
5	套管泄露	①套管进出口因为管径变化引起汽蚀、穿孔套管定心柱处冲刷磨损穿孔 ②套管进出接管不合理 ③套管材料较差 ④接口及焊接存在缺陷 ⑤接管法兰紧固不均匀	①停车局部修理 ②改造套管进出接管材料 ③选择合适的套管材料 ④焊口结规范修补 ⑤重新安装连接接管，更换垫片

知识点二　管式反应器日常维护要点

管式反应器与釜式反应器相比，由于没有搅拌器一类的转动部件，故具有密封可靠，振动小，管理、维护、保养简便等特点。但是经常性的巡回检查仍是必不可少的。在运行出现故障时，必须及时处理，决不能马虎了事。管式反应器的维护要点如下。

① 反应器的振动通常有两个来源：一是超高压压缩机的往复运动造成的压力脉动的

传递；二是反应器末端压力调节阀频繁运作而引起的压力脉动。振幅较大时要检查反应器入口、出口配管接头箱固定螺栓及本体抱箍是否有松动，若有松动应及时紧固。但接头箱紧固螺栓的紧固只能在停车后进行。同时要注意碟形弹簧垫圈的压缩量，一般允许为压缩量的50%，以保证管子热膨胀时的伸缩自由。反应器振幅控制在0.1mm以下。

② 要经常检查钢结构地脚螺栓是否有松动、焊缝部分是否有裂纹等。

③ 开停车时要检查管子伸缩是否受到约束、位移是否正常。除直管支架处碟形弹簧垫圈不应卡死外，弯管支座的固定螺栓也不应该压紧，以防止反应器伸缩时的正常位移受到阻碍。

 学习检测

1. 管式反应器的维护要点有哪些？
2. 管式反应器密封阀泄漏，可能的原因是什么？该如何处理？

阅读材料

制氢管式反应器

目前，全球炼油厂制氢装置主要采用轻烃水蒸气转化和部分氧化制氢技术。炼油厂广泛采用烃类水蒸气转化法制氢，其使用的制氢转化炉本质上是一台管式反应器，是整套装置的核心设备。这种反应器以转化炉的形式显现，炉内设置装填了催化剂的转化炉管，在炉膛内直接接受燃烧器火焰的辐射传热，以满足转化反应所需要的强吸热及高温等要求。原料混合气（轻烃和水蒸气）通过炉管内的催化剂床层进行反应。

制氢炉主要在辐射炉膛中进行辐射传热，按其供热方式分类可分为以下4种。

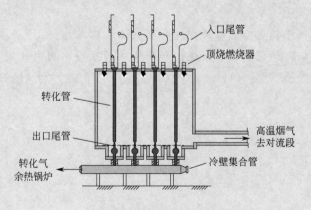

图6-18 顶烧炉结构示意

1. 顶烧炉

该炉型采用多排转化炉管束垂直布置在炉膛中、燃烧器布置在辐射室顶部、转化管排在两侧的结构，火焰垂直向下燃烧，与炉管平行，对每排转化管束进行双面辐射传热。

高温烟气在位于烟气下游引风机的负压作用下向下流动，通过炉膛下部转化炉管排之间的长形烟气隧道离开辐射室，进入位于辐射室底部端墙旁边的对流室，对对流段盘管进行对流传热。典型的顶烧炉结构示意见图6-18。

2. 侧烧炉

侧烧炉是另一种典型的转化炉型。该炉型的结构特点为：单排转化管束布置在狭长形辐射炉膛的中间，垂直放置；沿炉管不同高度设置多排燃烧器，布置在辐射室的侧墙；火焰附墙发散燃烧，对转化管束形成双面辐射；烟气上行，从位于顶部的烟道离开辐射室。对流室多设置在辐射室顶部，直接接纳高温烟气进行对流传热。大型装置的对流室考虑到结构及检修等原因，可放置在辐射室旁边，落地摆放，高温烟气通过长行程的高温烟道引入对流室。典型的侧烧炉结构示意见图6-19。

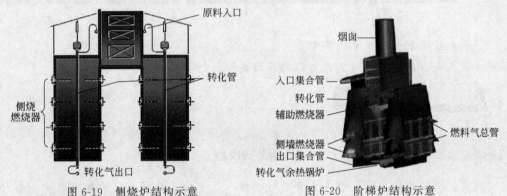

图 6-19 侧烧炉结构示意   图 6-20 阶梯炉结构示意

3. 阶梯炉

这种转化炉侧墙形似台阶，并且倾斜朝向炉膛中央，燃烧器布置在每层台阶上，燃烧产生的火焰沿附墙燃烧，依靠倾斜的炉墙与炉管进行辐射传热。该炉型转化管一般为双排或单排，以单排管双面辐射为主。其对流段位于辐射炉膛顶部，烟气向上流动，通常采用自然引风，不设置引风机。典型的阶梯炉结构示意见图6-20。

4. 底烧炉

该炉型燃烧器位于辐射室底部，烟气向上流动。其在大型装置上应用不多。

目前国际上的制氢转化炉仍以顶烧炉和侧烧炉为主导，国内的制氢转化炉仍以顶烧炉为主。

参 考 文 献

［1］ 丁小民. 化学反应过程与操作. 北京：化学工业出版社，2015.

［2］ 李玉才. 化学反应操作. 北京：化学工业出版社，2015.

［3］ 陈炳和，许宁. 化学反应器过程与设备. 北京：化学工业出版社，2014.

［4］ 周国保，等. 化学反应器与操作. 北京：化学工业出版社，2014.

［5］ lgnatowitz E. Chemietechnik. Europa：Europa Lehrmittel，2013.

［6］ 贺新，等. 化工总控工职业技能鉴定应知试题集. 北京：化学工业出版社，2010.

［7］ 杨雷库. 化学反应器. 北京：化学工业出版社，2011.